Collection
- Horlogerie -

- *L'horloger rhabilleur* - J. E. Perségol
- *Comptage du temps et chronographe* - R. Baierlein
- *Gnomonique* - G. Bigourdan
- *L'horloger à l'établi* - C. Gros
- *Échappements d'horloges et de montres* - C. Gros
- *Manuel d'horlogerie* - P. Foucher
- *L'Horloger II* - C. Poncet
- *L'Horloger* - C. Poncet
- *Traité d'horlogerie moderne* - C. Saunier
- *Guide-manuel de l'horloger* - C. Saunier
- *L'art de connaître et soigner les montres et les pendules* - J. Gondy
- *L'horlogerie électrique* - A. Tobler
- *Encliquetages* - F. Balavoine
- *Échappements à ancre* - École d'horlogerie de Cluses
- *L'art de l'Horlogerie enseigné en 30 leçons*
- *Histoire de l'Horlogerie* - Pierre Dubois
- *Les merveilles de l'horlogerie* - C. Portal & H. de Graffigny

Tous nos ouvrages sont disponibles aux

Éditions Decoopman
Ferrières
30440 Saint-Laurent-le-Minier
Tel : 06.80.68.80.59
web : www.decoopman.com
e.mail : livres@decoopman.com

I.S.B.N. 978-2-36965-201-4
Dépot légal : 2e trimestre 2025

Histoire de l'école d'horlogerie de CLUSES

Roy BAIERLEIN

À Valérie,
mon épouse et complice,
sans qui rien n'aurait été possible.

Avant-propos

Ce livret est le fruit de plusieurs années de recherches et d'une passion dévorante. Il rassemble une collection de documents retraçant l'histoire fascinante de Cluses et de son école d'horlogerie, une institution qui a profondément marqué nos vies.

Mon épouse et moi-même sommes d'anciens élèves de l'école, nous nous souvenons avec nostalgie de nos années passées à Cluses. C'est là, à l'âge tendre de 16 ans, que nos destins se sont croisés et que notre amour pour l'horlogerie mécanique a éclos. Au fil des années, nous avons accumulé avec ferveur des documents, des photos et des souvenirs précieux que nous partageons aujourd'hui avec vous dans cet ouvrage.

Ce livret n'a pas la prétention d'être un érudit traité historique. D'autres, bien plus qualifiés que nous, ont déjà exploré ce domaine avec brio. Notre ambition est simplement de vous faire découvrir, à travers nos yeux et notre passion, l'histoire captivante de cette école qui a tant apporté à notre existence.

En premier lieu, nous tenons à rendre un vibrant hommage à nos professeurs. Leur patience infinie, leur passion contagieuse et leur dévouement sans bornes ont fait de nous les horlogers que nous sommes aujourd'hui.

Sans eux, l'école d'horlogerie de Cluses n'aurait pas été ce havre de savoir et d'excellence.

Nous nourrissons l'espoir que vous prendrez autant de plaisir à feuilleter ce livret que nous en avons eu à le réaliser. Pour les anciens élèves, il sera un précieux écrin à souvenirs, ravivant des moments gravés dans leur mémoire. Pour les autres, il constituera une porte d'entrée vers l'univers fascinant de l'horlogerie et de son histoire unique à Cluses.

Ce livret est dédié à tous ceux qui ont contribué, de près ou de loin, à faire de l'école d'horlogerie de Cluses une institution d'excellence. Qu'ils soient élèves, professeurs, horlogers, artisans ou simples passionnés, leur engagement a permis à cet établissement de rayonner à travers le monde.

Il est également une ode à la passion, à la persévérance et au talent humain.

Il célèbre l'art horloger dans toute sa splendeur et retrace l'épopée d'une école qui a su transmettre son savoir-faire unique de génération en génération.

Nous vous invitons à découvrir l'âme vibrante de l'école d'horlogerie de Cluses.

Laissez-vous transporter par l'histoire captivante de cette institution et explorez les coulisses d'un univers où précision, créativité et passion se rencontrent pour donner vie à des chefs-d'œuvre intemporels.

Puisse ce petit ouvrage inspirer les nouvelles générations d'horlogers et perpétuer la flamme de cette tradition ancestrale qui a fait la fierté de Cluses et de son école d'horlogerie.

Roy Baierlein

1. – ''Notre'' école d'horlogerie (Vers la fin des années 1970).

Les documents restaurés : un voyage à travers le temps

Les documents présentés dans ce livret constituent un véritable trésor historique. Ils proviennent de sources diverses : anciens élèves, familles d'anciens élèves, archives, professeurs et de l'école. Certains datent du début de l'aventure de l'école à Cluses, d'autres du XXe siècle, offrant, ainsi un aperçu fascinant de l'école et de l'évolution de l'apprentissage en horlogerie mécanique.

On y trouve des articles de journaux, des photos de classe, des cartes postales, des brochures publicitaires, des plans de l'école, et bien d'autres documents encore. Chacun d'eux raconte une histoire unique, un fragment de la vie quotidienne à l'école.

Malheureusement, beaucoup de ces documents étaient en mauvais état. Le temps, l'humidité et l'usure avaient fait leur œuvre. Des photos jaunies et gondolées, des documents déchirés ou froissés, des écrits manuscrits presque illisibles... Il a fallu un long travail de restauration pour leur redonner vie. Grâce à des outils informatiques performants, nous avons pu numériser, nettoyer et restaurer les documents afin de les préserver pour les générations futures.

La qualité des images et des textes n'est pas parfaite, mais elle permet de lire et de comprendre ces documents précieux.

En feuilletant ce livret, vous découvrirez des visages oubliés, des lieux qui ont changé, des techniques d'horlogerie aujourd'hui disparues. Vous ressentirez l'atmosphère studieuse et parfois joyeuse de l'école, l'ambition et la passion des élèves, la rigueur et la bienveillance des professeurs.

Ces documents ne sont que des fragments de l'histoire de l'école d'horlogerie de Cluses.

2. – Arrivé sur Cluses par la route de Bonneville vers 1740

Mais, ils constituent un précieux témoignage de l'importance de cette institution et de la passion qui anime les horlogers depuis des générations.

Nous espérons que ce livret vous permettra de voyager dans le temps et de découvrir l'univers fascinant de l'horlogerie mécanique.

Situation géographique de Cluses

Cluses se situe au cœur de la vallée de l'Arve, une vallée glaciaire longue d'environ 60 kilomètres et traversant le Faucigny. Encadrée par des montagnes enneigées en hiver et verdoyantes en été, la ville bénéficie d'un climat tempéré favorisant une végétation luxuriante.

Fondée à 470 mètres d'altitude, Cluses jouit d'un environnement naturel exceptionnel.

Des forêts de hêtres, de sapins et de mélèzes couvrent les pentes des montagnes environnantes, tandis que de vastes pâturages s'étendent dans la vallée.

Ces conditions naturelles ont permis le développement d'une agriculture riche et variée. Fruits et légumes y sont cultivés depuis des siècles, tandis que la vigne, présente depuis l'époque romaine (Clusarum), donne naissance à des vins de qualité. L'élevage bovin est également important, le lait produit contribuant à la fabrication de fromages renommés.

La situation géographique de Cluses a également joué un rôle crucial dans son développement. La voie romaine reliant Genève à Chamonix traverse la ville, la plaçant sur un axe commercial majeur entre la France et la Suisse.

Dès l'Antiquité, Cluses était un lieu de passage et d'échanges. Au Moyen Âge, la ville devint un important centre commercial et artisanal. Au XVIIIe siècle, l'industrie horlogère connut un essor important dans la région, faisant de Cluses un centre industriel de premier plan et même la capitale mondiale du décolletage. Cette industrie prospéra jusqu'au XXe siècle.

Avant l'essor de la production de pièces mécaniques, Cluses était déjà un bassin de vie dynamique grâce à la générosité de sa nature et à sa situation géographique unique.

Comment l'horlogerie s'est implantée à Cluses

Dès le XVIe siècle, Genève, située à moins de 50 kilomètres de Cluses, s'affirme progressivement comme un centre horloger de premier plan. Cette ascension culmine vers le milieu du XVIIe siècle, faisant de Genève, la capitale incontestée de l'horlogerie européenne.

Parmi les maîtres horlogers genevois de l'époque, Charles CUSIN occupe une place particulière. Huguenot, il fuit la France après la révocation de l'Édit de Nantes en 1685. Accueilli à Genève avec les honneurs, il est nommé bourgeois de la ville et joue un rôle crucial dans la création de la corporation des horlogers genevois, regroupant l'ensemble des professionnels du secteur.

Genève devient alors une cité de création et de distribution horlogère, rayonnant sur toute l'Europe. C'est dans ce contexte que Claude-Joseph BALLALOUD, originaire de Saint-Sigismond, village voisin de Cluses, s'expatrie à Nuremberg, une autre capitale horlogère de l'époque, pour parfaire ses connaissances.

De retour en 1720, M. Ballaloud décide de partager son savoir-faire avec les paysans de la région.

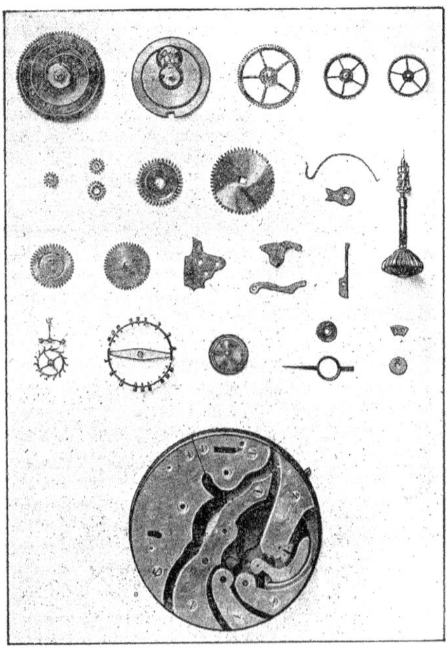

Types de pièces d'horlogerie fabriquées à Cluses pour les manufactures suisses.

Il leur enseigne la fabrication de fournitures horlogères, notamment par le biais du décolletage, technique permettant de produire des pièces en série. Cette activité offre aux paysans un revenu supplémentaire bienvenu durant les mois d'hiver.

Cluses devient rapidement le principal fournisseur de pièces détachées pour les fabricants genevois. Les entreprises clusiennes se spécialisent chacune dans un domaine précis, comme la fabrication des pignons, roues, ponts, platines, visserie, etc.

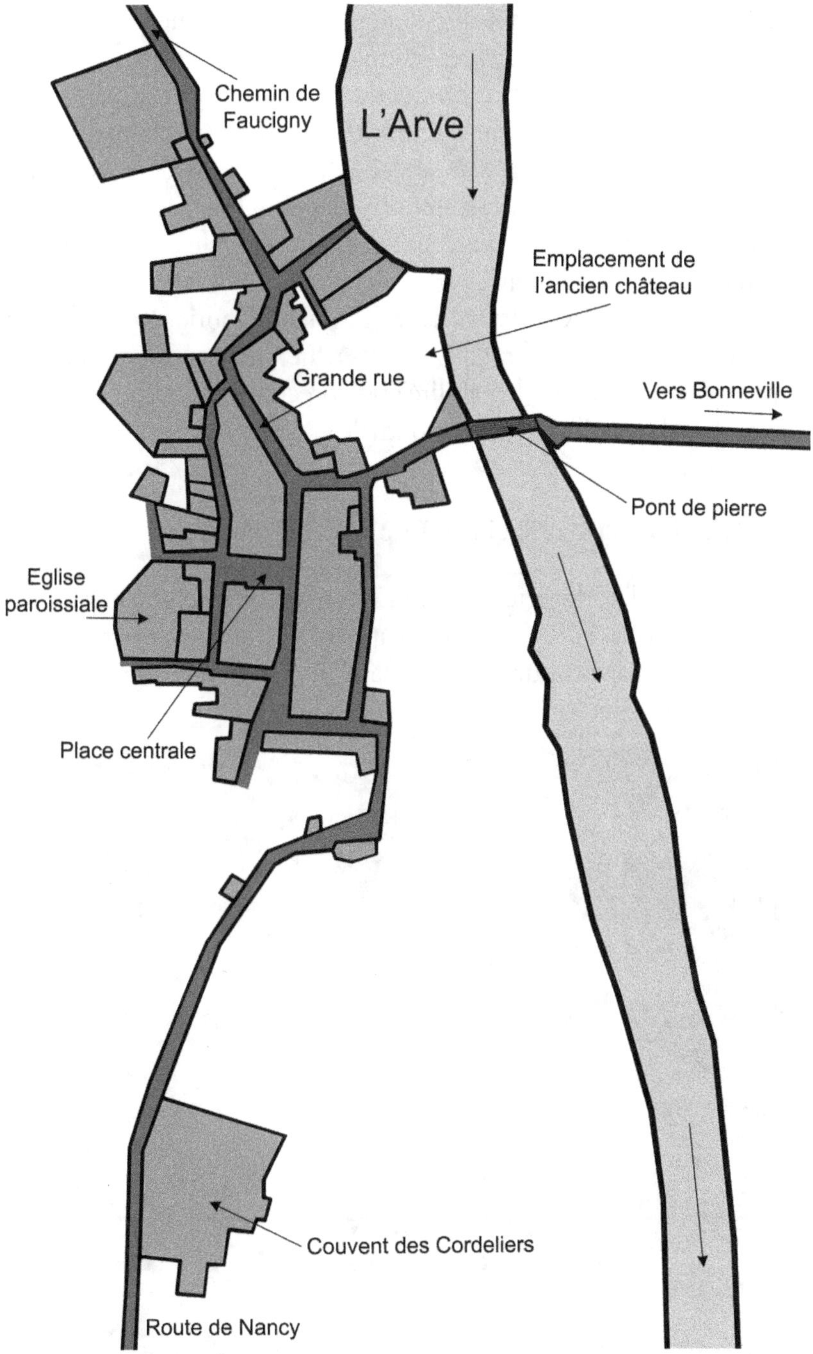

Plan de Cluses de 1788, juste avant la Révolution Française (1789 - 1799).

Bénéficiant d'une main-d'œuvre moins chère que leurs voisins helvètes, ces petites structures connaissent une croissance rapide. Cependant, la qualité de leur production reste moyenne. Les horlogers suisses, soucieux de conserver le haut de gamme pour eux-mêmes, ne commandent aux Français que des pièces de qualité médiocre. Cette stratégie vise à discréditer l'horlogerie française en prenant systématiquement l'exemple des productions clusiennes comme illustration de sa médiocrité.

Malgré ce contexte défavorable, l'industrie horlogère de Cluses continue à se développer et à se diversifier. Au fil du temps, elle acquiert une réputation de fiabilité et de précision, devenant un acteur incontournable de l'horlogerie mondiale.

Population clusienne et essor de l'horlogerie

L'essor de l'horlogerie à Cluses a eu un impact majeur sur la population de la ville. En effet, l'apparition de nouveaux métiers, en dehors de l'agriculture et de l'élevage, a entraîné une croissance démographique importante.

Type d'atelier de fabrication de pièces d'horlogerie, dans la région du Faucigny.

En 1793, lors du premier recensement, Cluses comptait 1 609 habitants.

En 2020, ce nombre est passé à 16 976, avec un pic à 17 835 habitants en 2006.

L'industrie horlogère a joué un rôle central dans cette croissance. Dans les années 1760, on comptait environ 30 horlogers à Cluses, dont 5 apprentis. Vingt ans plus tard, leur nombre était passé à 40.

Deux catégories d'horlogers cohabitaient à cette époque :

- Les paysans-horlogers, qui exerçaient ce métier à temps partiel, souvent en autodidactes.
- Les horlogers professionnels, qui avaient suivi un apprentissage complet.

Cluses juste avant la période Sarde et l'incendie de 1844.

Après la Révolution Française, vers 1810, environ 10 % de la population de Cluses travaillait dans la fabrication de pièces d'horlogerie. De nouveaux métiers apparurent également, comme la fabrication d'outillage spécifique à l'horlogerie ou le commerce, qui servait d'intermédiaire entre les ateliers de fabrication du Faucigny et les acheteurs genevois.

En 1814, les Faucignerands, dont les Clusiens font partie, produisirent 45 000 mouvements de montre.

Cependant, à partir de 1815, le gouvernement piémontais, dont dépendaient les Savoie, refusa la création d'une corporation syndicale des horlogers. Le prétexte invoqué était que cela gênerait le commerce. En réalité, Genève, qui voyait dans l'organisation professionnelle de la filière une concurrence directe à ses propres structures, était à l'origine de cette opposition.

Malgré ces obstacles, l'industrie horlogère de Cluses continua à se développer et à se diversifier.

La période sarde (1815-1860) : un contexte économique difficile

Époque compliquée pour la population de la vallée du Faucigny.

La redéfinition des frontières après les guerres napoléoniennes a remis en cause les accords commerciaux existant avec les pays voisins, notamment la Suisse.

Ces nouvelles frontières ont entraîné une augmentation des taxes à l'importation et à l'exportation, renchérissant le coût de la vie et impactant particulièrement la fabrication de pièces d'horlogerie.

Déjà fragilisés par l'interdiction de vente en France pendant la Révolution Française, les fabricants genevois ont vu leur rentabilité diminuer. En effet, les révolutionnaires français assimilaient l'horlogerie genevoise à une production anglaise, car une partie des aciers utilisés provenait d'Angleterre.

La récession générale qui sévissait en Europe à cette époque a également contribué à la baisse des ventes horlogères.

Face à ces difficultés, Genève a décidé de prendre son indépendance en matière de production mécanique. En 1824, la ville ouvre une école d'horlogerie axée sur la fabrication des pièces détachées et des mouvements complets non finis (blanc-roulant), correspondant précisément au travail fourni par les ateliers clusiens.

Cette initiative visait à réduire la dépendance de Genève vis-à-vis des fournisseurs étrangers et à renforcer sa compétitivité sur le marché international. Malgré les défis de cette période, l'industrie horlogère de Cluses a su s'adapter et poursuivre son développement. La ville a su tirer parti de son savoir-faire et de sa main-d'œuvre qualifiée pour devenir un acteur incontournable de l'horlogerie européenne.

Intérieur de l'église de Cluses (XVe siècle).

L'incendie de Cluses (1844) : un tournant dans l'histoire de la ville

Dans la nuit du 13 au 14 juin 1844, un incendie d'une rare violence ravage la quasi-totalité du village de Cluses. Le feu, qui se déclare dans une usine de décolletage se propage rapidement, attisé par le vent et la sécheresse. Le bilan est effroyable : 2 000 personnes se retrouvent sans abri, les dégâts matériels sont immenses et estimés à 10 millions de francs, une somme colossale pour l'époque.

Cet incendie marque un tournant majeur dans l'histoire de Cluses. Il met fin à l'ère du village agricole et artisanal pour laisser place à une ville moderne résolument tournée vers l'industrie.

La reconstruction est rapide et s'effectue sur un plan novateur. La ville est légèrement déplacée vers le bas de la vallée afin d'échapper aux vents violents qui se canalisent entre les montagnes.

Cluses en pleine reconstruction.

Les traditionnels chalets en bois sont abandonnés au profit d'une architecture inspirée du Piémont italien, avec des rues larges et des bâtiments en pierre. L'industrie horlogère s'impose comme le moteur de la nouvelle économie clusienne.

Cependant, la main-d'œuvre qualifiée manque cruellement, la plupart des horlogers ayant perdu leurs outils dans l'incendie et s'étant exilés. On ne compte plus que 30 horlogers à Cluses après la catastrophe, aggravant une situation déjà difficile en cette période de récession économique.

L'élan de solidarité est immense. L'État, les communes voisines et les habitants eux-mêmes se mobilisent pour reconstruire la ville. Face à l'ampleur de la tragédie, le gouvernement sarde autorise la création d'une école d'horlogerie à Cluses par un décret royal du 31 mars 1848, cette école a pour mission de dispenser une formation technique aux habitants de la Savoie.

Cette initiative vise à leur donner les outils nécessaires pour développer l'industrie horlogère et tirer parti des aptitudes naturelles et des conditions locales favorables.

L'incendie de 1844 a été un traumatisme pour Cluses, mais il a également été un catalyseur de changement. La ville a su renaître de ses cendres et se réinventer pour devenir un centre horloger de premier plan.

Les écoles d'horlogerie dans le Faucigny : une tentative d'émulation

Si l'école d'horlogerie de Cluses s'est imposée comme la référence dans le Faucigny, d'autres initiatives ont vu le jour dans la vallée. Inspirées par le succès de l'école royale de Cluses, ces tentatives n'ont pas toutes connu la même réussite.

L'école d'horlogerie de Sallanche

- Créée en 1853 suite à un incendie ayant ravagé la ville en 1840.
- Financement initialement prévu par les fonds de reconstruction de la ville.
- Objectif : accueillir 24 élèves, mais n'a jamais atteint ce chiffre.
- Fermeture définitive en mai 1871, faute d'un nombre suffisant d'élèves.

L'école d'horlogerie de Bonneville :

- Ouverte en novembre 1853 après une décision du conseil municipal.

- A connu un certain succès avec un nombre d'élèves satisfaisant.
- Fermeture en 1862 pour des raisons politiques.
- Accord entre les maires de Bonneville et Cluses pour éviter la concurrence.
- Bonneville renonce à l'horlogerie et Cluses à son statut de chef-lieu d'arrondissement.

L'école d'horlogerie de Cluses est installée dans l'ancien couvent des Cordeliers : Le Château Gaillard

L'école d'horlogerie de La Roche-sur-Foron :

- Créée en 1858 par le vote du conseil communal.
- Début prometteur avec 12 élèves à l'ouverture.
- Fermeture en 1868 due à un manque d'inscriptions.

L'école d'horlogerie de Thorens :

- Fondée en 1856 par le marquis de Roussy de Sales.
- Financée par le marquis, qui supportait tous les frais.
- Fermeture en 1858 suite au décès du marquis.

L'école de Cluses :

- L'école de Cluses se distinguait par son ambition : former des horlogers d'excellence.
- Elle visait la conception et la fabrication de montres de haute qualité.
- La formation était mixte, dès l'origine, avec 12 filles et 12 garçons dans la première section.

L'histoire des écoles d'horlogerie du Faucigny montre la difficulté de rivaliser avec une institution aussi bien établie que celle de Cluses, manquant ou de ressources, ou d'élèves et surtout d'une vision pédagogique claire. L'école de Cluses a donc tiré profit de l'échec de ses concurrentes pour asseoir sa position dominante dans le paysage horloger du Faucigny.

Ecole Royale d'Horlogerie

de CLUSES (Faucigny).

Cette École fondée en 1848 par le Gouvernement a été ouverte à l'Enseignement en juin 1849. Placée au centre de 11 Communes où diverses parties de l'Horlogerie s'exercent depuis plus d'un siècle, elle a pour but de perfectionner cette industrie et de la completer en formant de bons ouvriers dans les parties qui manquent, pour arriver à l'achevement entier des montres.

Des Professeurs exercés sont chargés de donner l'instruction pratique et théorique de toutes les branches de l'horlogerie: un local destiné à ces diverses spécialités a été disposé à cet effet.

Les Élèves doivent avoir 14 ans au moins pour être admis. Ils doivent savoir lire, écrire et connaitre quelques notions d'arithmétique.

L'avantage de l'instruction, le prix peu élevé de la pension, la salubrité du climat, rendent cet Établissement précieux pour les personnes qui voudraient embrasser cette carrière ou s'y perfectionner.

S'adresser pour connaitre les conditions d'admission et les autres renseignemens à monsieur Bénoit directeur de l'École.

NB. *L'Administration de l'Ecole prévient le public, qu'elle se charge de faire exécuter sur commandes toutes espèces de montres de commerce, de luxe et de précision à des prix inférieurs à ceux des fabriques Suisses et Genevoises et d'une qualité garantie.*

Publication de 1850, vantant les mérites de l'école.

Cette situation s'explique par plusieurs facteurs :

- Son statut d'école royale lui conférant une certaine légitimité et un accès à des ressources plus importantes.
- Sa situation géographique, Cluses étant un centre économique important dans la vallée.
- La qualité de son enseignement, attirant des élèves de toute la région.

L'École d'horlogerie de Cluses : naissance difficile et succès fulgurant

L'ancien couvent des Cordeliers, vestige du XIIIe siècle, était à l'abandon lorsque les autorités révolutionnaires le fermèrent. La commune de Cluses, propriétaire des lieux, entreprit sa restauration avec l'entrepreneur local M. Buffet. Mais des travaux aléatoires retardèrent l'ouverture de l'école d'horlogerie de deux longues années.

Ce contretemps fragilisa la position du maire de Cluses, Firmin Guy, face aux critiques du projet. Certains jaloux convoitaient une place dans l'aventure, tandis que d'autres craignaient l'émancipation des jeunes horlogers talentueux que l'école formerait.

Malgré les obstacles, Firmin Guy resta déterminé à offrir à la jeunesse régionale une formation d'excellence. Il y voyait un moyen de freiner le dépeuplement de sa commune.

La cour du Château Gaillard en 1855, pendant la construction sur le toit, de la base du futur clocheton.

L'ambition de l'école était claire : former des ouvriers talentueux, filles et garçons, en leur permettant de se perfectionner dans les différentes branches de l'horlogerie et d'acquérir les compétences nécessaires pour devenir chefs et directeurs d'ateliers.

Le succès ne tarda pas à se manifester. L'école attira des élèves de toute la France et même de l'étranger. La qualité de la formation dispensée faisait que les diplômés trouvaient un emploi garanti à la sortie de l'école. La réputation de l'école était telle que les clients accordaient une confiance aveugle aux horlogers formés à Cluses. Ils étaient reconnus comme des professionnels hautement qualifiés et fiables.

L'horloge publique de l'école d'horlogerie de Cluses : un symbole de l'excellence horlogère et du savoir-faire français

L'horloge publique de l'école d'horlogerie de Cluses, bien plus qu'un simple objet décoratif, est un véritable symbole. Elle représente l'excellence horlogère, la précision et la ponctualité, valeurs fondamentales dans cet art exigeant.

Sa présence majestueuse au fronton du bâtiment principal rappelle aux étudiants et au monde entier la renommée de l'institution et de la région dans le domaine de l'horlogerie.

La cour de l'école, en 1856, avec sur le bâtiment central et son horloge publique.

Son installation entre 1855 et 1856 fut un événement important pour l'école. Le choix d'un fabricant parisien, réputé pour son savoir-faire, souligne l'ambition de l'institution de s'équiper d'un instrument de la plus haute qualité.

La collaboration étroite entre M. André Gex, professeur à l'école, et le fabricant parisien montre l'importance accordée à chaque étape du processus, de la conception à l'installation.

L'intervention de M. Gex ne s'est pas limitée à la supervision, car son expertise a été essentielle pour réparer le mécanisme de l'horloge endommagé lors de son transport. Cette anecdote met en lumière les défis techniques et logistiques liés à l'installation d'une pièce aussi complexe et délicate.

L'horloge de l'école d'horlogerie de Cluses n'est pas qu'un symbole de l'excellence horlogère. Elle est aussi un témoin de l'histoire de l'institution et de son évolution. Sa présence rappelle les générations d'horlogers talentueux qui ont été formés dans ses murs et qui ont contribué à la renommée mondiale de l'horlogerie française.

L'horloge publique est également le symbole de l'excellence de l'horlogerie française, du savoir-faire et de la passion qui animent les professionnels de l'ensemble des filières horlogères.

L'école d'horlogerie de Cluses a joué un rôle crucial dans le développement de cette industrie.

En plus de dispenser une formation d'excellence, elle a également contribué à la recherche et à l'innovation. L'école a ainsi permis à la France de rester à la pointe de l'horlogerie, un secteur hautement concurrentiel.

L'École Royale d'Horlogerie de Cluses.

Les activités annexes des professeurs de l'école d'horlogerie de Cluses : entre critiques et succès

Outre leur mission d'enseignement, les professeurs de l'école d'horlogerie de Cluses avaient la possibilité de réaliser des travaux à titre privé. Cette activité, source de revenus complémentaires, n'était pas sans critiques.

Certains détracteurs y voyaient une concurrence déloyale envers les horlogers du Faucigny, arguant que les professeurs, grâce à leurs compétences et à l'aide des meilleurs élèves, étaient en mesure de proposer des services de qualité supérieure.

Les entrepreneurs locaux étaient également mécontents, craignant que ces travaux annexes ne détournent les professeurs de leur mission principale et ne nuisent à la qualité de la formation dispensée.

Malgré ces critiques, les activités annexes des professeurs présentaient plusieurs avantages.

Elles procuraient à l'école des revenus supplémentaires non négligeables, contribuant à son développement et à son rayonnement.

De plus, la qualité des pièces réalisées par les professeurs et les élèves renforçait la réputation de l'école. Cette réputation était d'ailleurs confirmée par les succès remportés lors de concours internationaux, comme à Turin en 1850 et 1858, et à Londres en 1851, où l'école obtint plusieurs médailles, dont une d'or à Turin en 1858.

En conclusion, les activités annexes des professeurs de l'école d'horlogerie de Cluses étaient un sujet controversé. Elles étaient à la fois source de critiques et de succès.

Si certains y voyaient une concurrence déloyale, d'autres reconnaissaient qu'elles contribuaient à la réputation et au développement de l'école.

Achille Benoit : un horloger visionnaire et bâtisseur d'excellence

Né le 23 mars 1804 à Versailles, Achille Benoit descendait d'une lignée d'horlogers du Jura. Issu de l'atelier du légendaire Abraham-Louis Breguet, il s'imposa rapidement comme un horloger de renom.

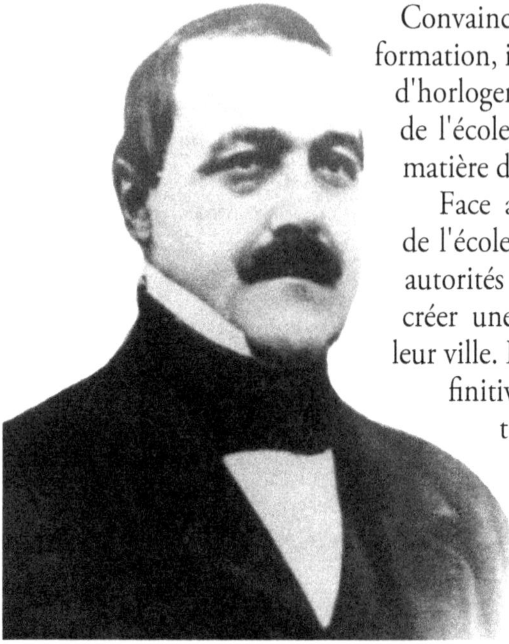

Achille Hubert BENOIT (1804 - 1895).

Convaincu du rôle crucial de la formation, il fonda en 1835 une école d'horlogerie à Versailles, s'inspirant de l'école de Genève, référence en matière d'enseignement technique.

Face aux difficultés financières de l'école, il répondit à l'appel des autorités de Cluses, désireuses de créer une école d'horlogerie dans leur ville. En 1848, il s'y installa définitivement, après avoir effectué des études de faisabilité et mobilisé des soutiens, dont celui du banquier M. Pillet-Will.

Ses mémoires détaillés, démontrant le succès de la ville horlogère suisse de Sainte-Croix, jouèrent un rôle crucial dans la décision du gouvernement de créer l'école.

Nommé directeur, Achille Benoit fit de l'école une référence nationale et internationale en l'espace de quelques années. Son

Professeurs et élèves dans la cour de l'école.

Très rare document (unique ?) de l'intérieur de l'ancienne école avec l'ensemble des professeurs, des élèves et du directeur :
A : M. le directeur, Achille Hubert Benoit ; 1 : Burin fixe ; 2 : Machine à tailler ; 3 : Machine à arrondir ; 4 : Tour à pivoter.

dévouement sans faille, son intelligence et sa persévérance pendant plus de 40 ans en firent un personnage incontournable.

L'essor de l'industrie horlogère à Cluses et en Savoie est en grande partie dû aux élèves talentueux formés par l'école. En vingt ans, la région atteignit une prospérité inédite. Achille Benoit dressa un bilan positif de son action avant l'annexion de la Savoie par la France en 1860 :

> « Cette école créée dans le but de donner aux horlogers du pays les connaissances théoriques et pratiques auxquelles ils étaient jusqu'alors complètement étrangers a, j'ose le dire, dignement rempli sa tâche... En effet, l'émulation que cet établissement a excitée parmi les ouvriers, les élèves distingués qu'il a formés, la renommée qu'il a su donner aux produits de la Savoie aux différentes expositions qui se sont succédé depuis son origine sont des résultats incontestables et qui n'ont pas peu contribué à relever l'industrie du pays.»

L'ensemble très important de machines de fabrication disponible dans la classe, permet aux élèves de se familiariser avec les diverses techniques utiles pour leur futur métier.

Le travail de fabrication devient le fer de lance de la formation Clusienne. Il est donc obligatoire que toutes les techniques fassent l'objet d'un apprentissage hors normes.

Malgré cet optimisme, l'annexion de la Savoie par la France en 1860 plongea l'école dans une période d'incertitude. Les retards de paiement des professeurs et l'avenir de l'horlogerie savoyarde étaient des sources d'inquiétude pour Achille Benoit et ses collaborateurs.

Dès les origines des garde-temps, la fabrication des mouvements d'horlogerie était un processus certes artisanal mais multidisciplinaire. Le mouvement d'horlogerie est constitué d'une cage qui reçoit les autres constituants du mouvement :

- La force motrice (ressort, poids),
- les mobiles (roues et pignons),
- l'échappement,
- la cadrature de remontage et remise à l'heure.

Les élèves devaient maîtriser les techniques nécessaires à la réparation de ces garde-temps anciens, aussi bien montres que pendules ou horloges allant jusqu'à la fabrication des pièces détériorées ou absentes.

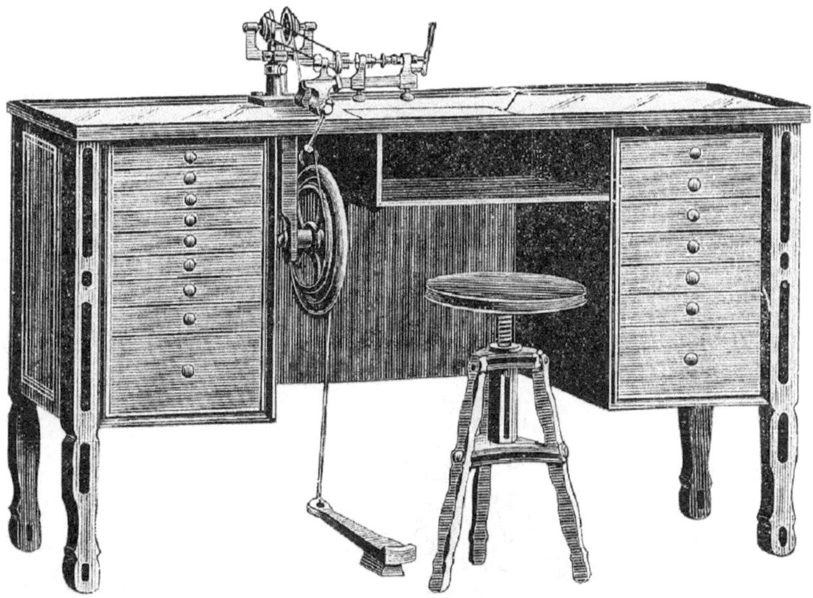

Type d'établi d'horloger avec son tour

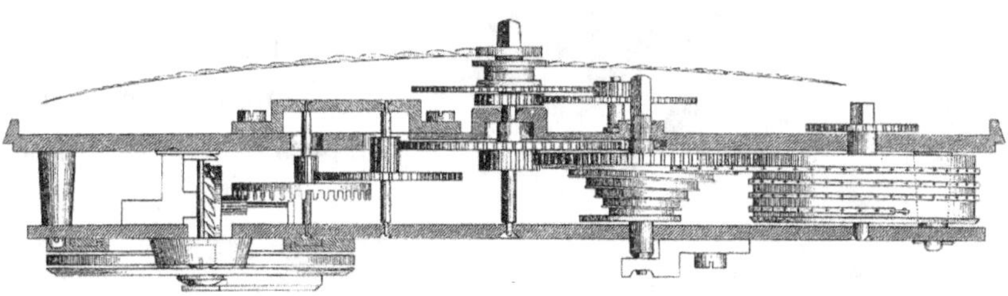

Mouvement ancien (XVII et XVIIIe siècle) de montre dit « à coq ».

Un grand nombre de mouvements en horlogerie rend la tâche complexe car l'adaptation de techniques de travail est incessante et une méthodologie très précise doit être élaborée par respect de l'objet en fonction de sa date de fabrication.

Une réparation ne doit en aucun car moderniser l'objet malgré ses potentiels défauts.

Le tour à manivelle ou pédale permet la fabrication de toute pièce cylindrique en acier ou en laiton.

L'outil le plus indispensable dans l'ensemble des ateliers d'horlogerie, aujourd'hui encore, permettant de reprendre l'ensemble des pièces de montre ou pendule usée.

Détail du tour à main fixé sur l'établi

L'horloger recevait le laiton, en plaque. Cette dernière était soumise à un martelage énergique sur l'enclume. Cette opération, appelée *écrouissage*, permettait de durcir le métal et d'affiner son grain, facilitant ainsi les opérations de découpe et d'usinage.

On y prélève alors les pièces, en les sciant avec une scie à métaux (bocfil) à un profil légèrement plus grand que celui des pièces finales. L'emploi d'un gabarit permettra ensuite de les amener aux cotes finales à la lime. Les pièces, plates, en aciers, sont également découpées à la bocfil. Les pièces cylindriques (vis, axes…) sont travaillées à l'aide de tour ou de burin fixe. Les parties visibles sont polies tandis que les autres faces seront adoucies avec une pierre émeri. Le laiton, souvent ciselé, était poli avant d'être doré pour le protéger de l'oxydation.

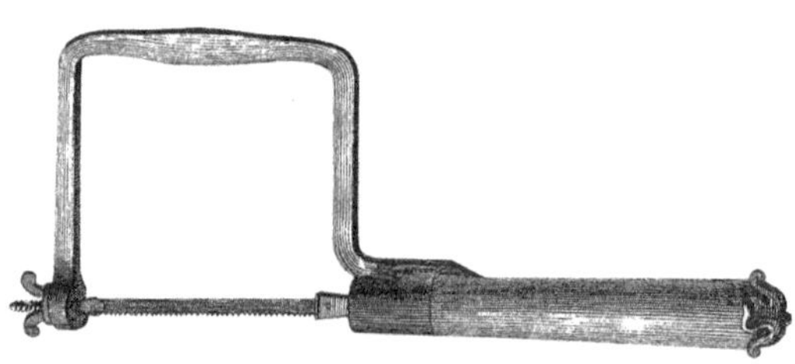

Scie bocfil.

Nous retrouverons dans les entreprises d'horlogerie des corps de métiers très différents, répartis dans des ateliers séparés les uns des autres.

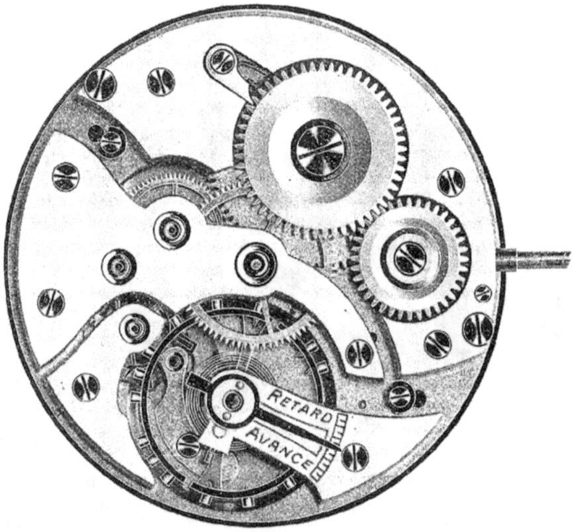

Mouvement de montre "moderne" de 1910.

En ce qui concerne les mouvements de montres ou de pendules, le travail se divise en :

- Faiseurs de mouvement en blanc (ébauche),
- Fabricants de rouages (roue et pignon),
- Faiseurs d'échappement.

Mais ce sont souvent des ateliers de sous-traitants qui fabriquent :

- les ressorts de force motrice,
- les spiraux,
- les aiguilles,
- les cadrans,
- les verres,
- les boîtiers.

Ils s'occupent également des gravures, du polissage (acier et laiton) et des dorures.

Cette organisation en ateliers spécialisés, nécessitant un outillage spécifique et des savoir-faire particuliers, était caractéristique de l'horlogerie traditionnelle.

Chaque élève de l'école d'horlogerie de Cluses acquérait les bases de toutes ces opérations, mais se spécialisait ensuite dans un domaine particulier, aussi bien en montre, pendule ou horloge.

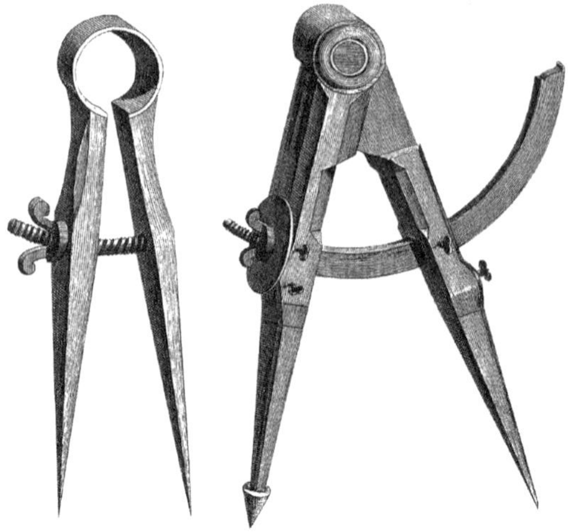

Compas

Les premiers engrenages, réalisés de façon artisanale, représentaient un défi majeur pour les horlogers.

Divisées au compas et façonnées à la scie, leurs dents étaient ensuite finement ajustées à la lime.

Ces méthodes empiriques ont précédé l'apparition des machines-outils dédiées à la taille des engrenages.

Les premières fraises utilisées pour tailler les roues et pignons étaient de simples disques en métal dur. Ces disques servaient à effectuer des entailles successives dans le matériau, créant ainsi les futures dents.

Les machines de Thiout et de Sulli automatisaient la division des roues (**1**). Une fraise-disque (**2**), actionnée manuellement par la manivelle (**3**), effectuait les entailles successives.

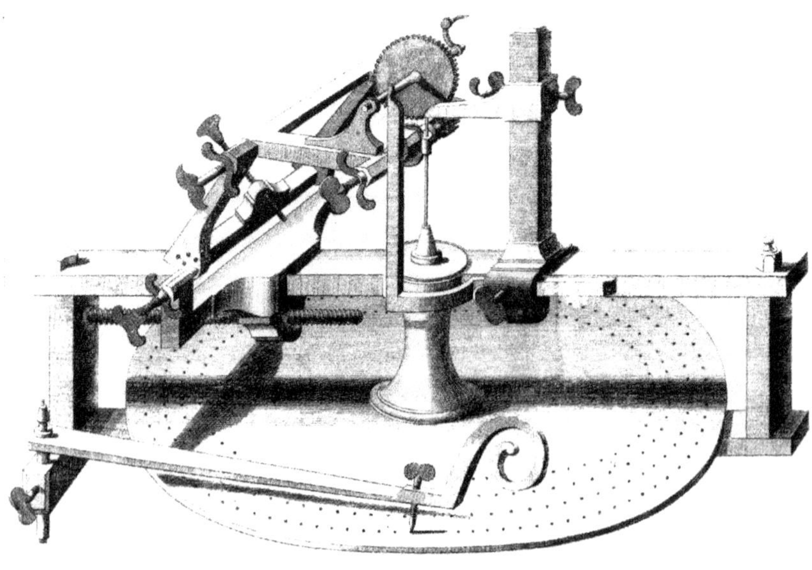

Machine à fendre les roues et pignons d'après Antoine Thiout (1692-1767).

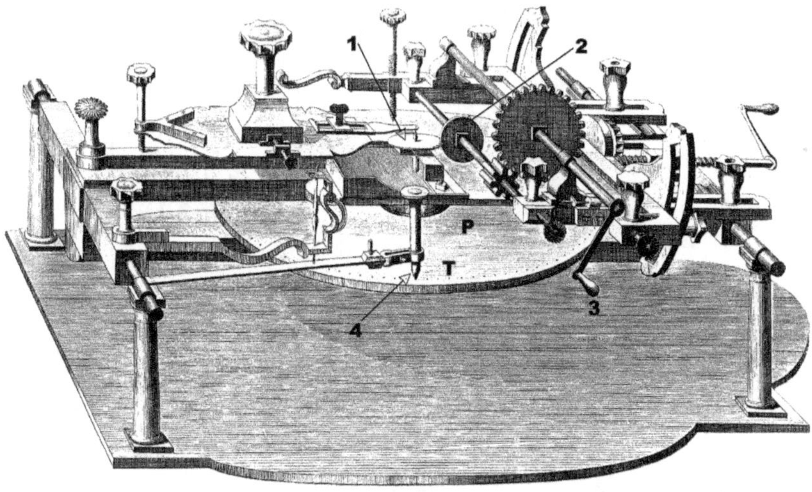

Machine de Sulli (1680 – 1728) pour fendre les roues

Un plateau perforé (**P**) servait de référence pour le nombre de dents souhaité.

Le palpeur (**4**), en s'engageant dans les trous, assurait un espacement rigoureux entre chaque dent, permettant ainsi une grande précision dimensionnelle.

Nos fraiseuses modernes perpétuent la tradition tout en l'optimisant.

La division du nombre de dents est toujours réalisée par un disque perforé.

L'innovation principale réside dans le taillage, en une seule passe : la fraise au module réa-

Fraiseuse moderne équipée d'un plateau diviseur (outillage du Centre Horloger de Provence)

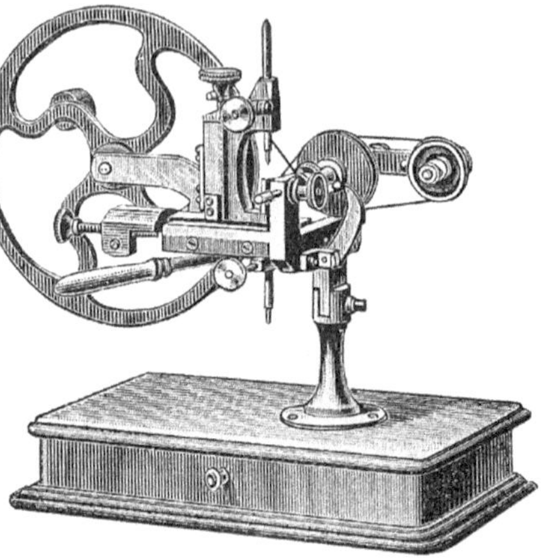

Machine à arrondir.

lisant simultanément la fente de la division et le profil ogival de la dent permettant de supprimer l'étape de finition sur machine à arrondir, garantissant ainsi une précision et une productivité accrues.

La fabrication d'une roue dentée, à l'époque, nécessite plusieurs étapes.

Après avoir été fendue pour créer les espaces entre les dents, la roue est soumise à un usinage sur une machine à arrondir. Cet usinage successif permet d'obtenir le profil ogival caractéristique des engrenages horlogers et d'assurer un engrènement précis.

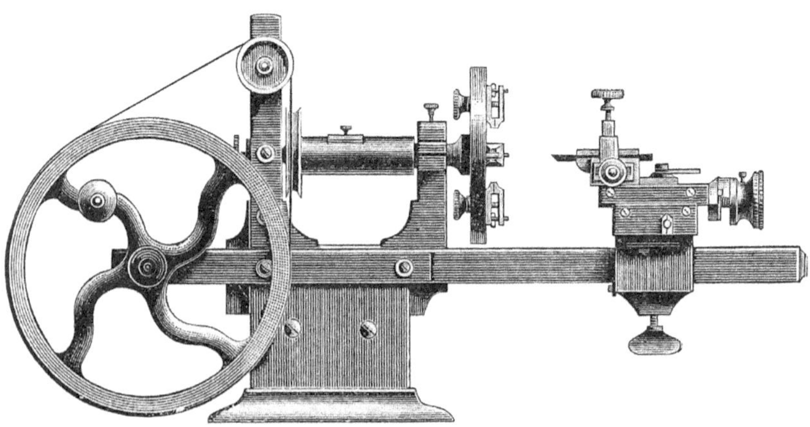

Burin fixe

Bien que souvent associé aux ateliers industriels, le burin fixe, ou tour universel, est un outil indispensable à l'horloger réparateur. Sa conception, avec un chariot mobile équipé d'outils de coupe fixes, permet une grande flexibilité d'usinage. Le mandrin à trois mors assure une prise ferme des pièces. De plus, la pompe à centrer intégrée facilite l'usinage de creux dans les platines, offrant ainsi des possibilités uniques.

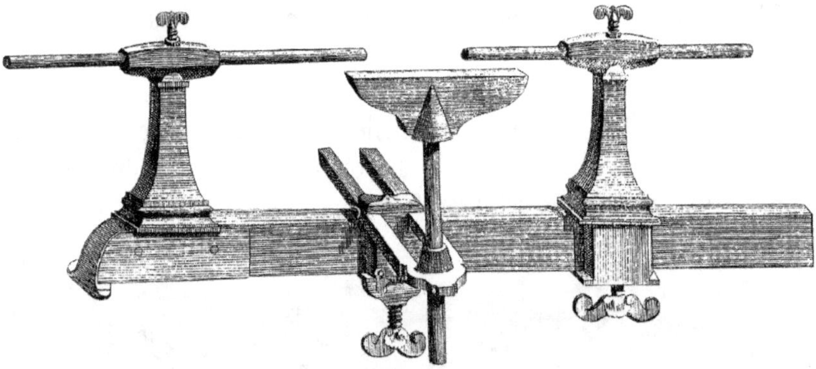

Tour à pivoter.

La maîtrise du burin fixe nécessite une pratique assidue. L'horloger doit coordonner de manière indépendante les mouvements de ses deux mains, comme pour le tour à pivoter ou la machine à arrondir. La main gauche actionne la manivelle pour la rotation, tandis que la droite manipule l'outil.

Certains modèles de tours peuvent être équipés d'une pédale pour actionner la rotation, à l'image des machines à coudre.

L'avènement de l'électricité et des moteurs électriques a profondément transformé l'outillage horloger.

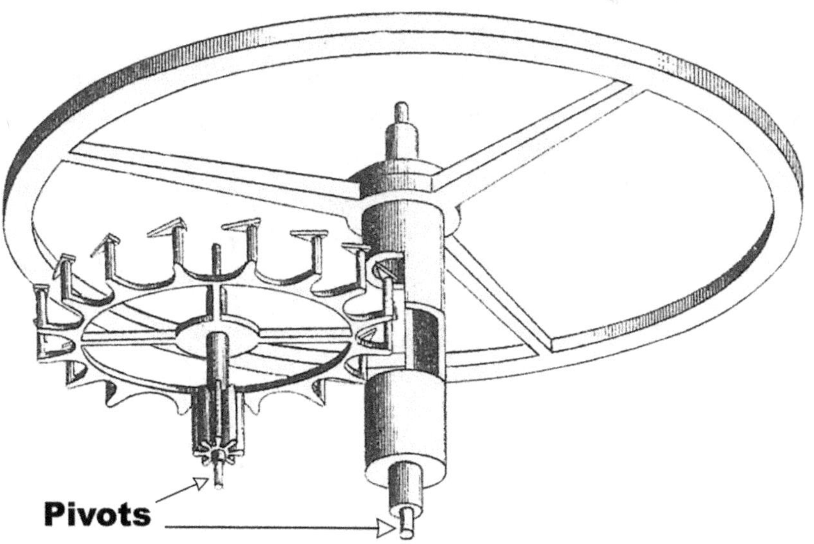

Pivots inférieurs du balancier et roue d'échappement à cylindre

L'école bénéficiera grandement du soutien des professionnels de la ville et de la région, qui apporteront leur expertise et les outils nécessaires à la formation des élèves dans un large éventail de techniques.

Cet apport était souvent difficile à obtenir pour les autres établissements scolaires, qui ne disposaient pas du même réseau d'entreprises locales que celui des Clusiens.

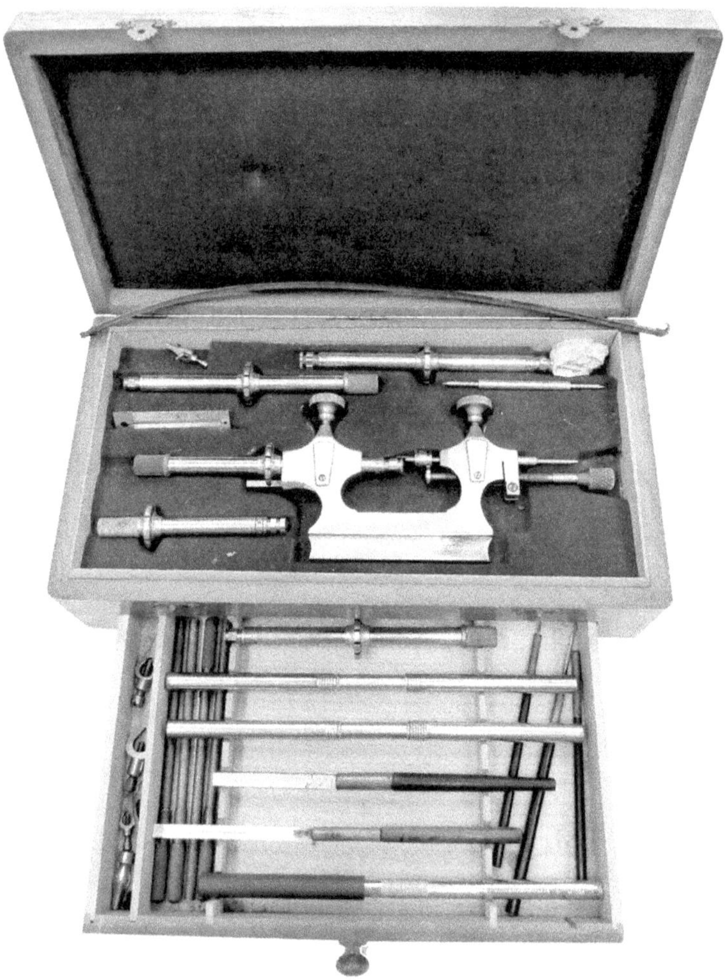

Tour à pivoter moderne (outillage du Centre Horloger de Provence)

La visite de Napoléon III et ses conséquences : un tournant majeur pour l'école d'horlogerie de Cluses

La visite de l'empereur Napoléon III (1808 – 1873) à l'école d'horlogerie de Cluses, le 3 septembre 1860 fut un événement crucial pour l'institution. L'empereur, impressionné par la qualité de la formation dispensée, promit au directeur « aide et protection ».

Quelque temps avant son déménagement, l'ancienne école, sur la place du village

Malgré l'intérêt impérial, il fallut attendre trois ans pour que la situation évolue concrètement. Un décret promulgué le 30 novembre 1863 réorganisa l'école et lui donna le statut d'école d'utilité nationale. L'école devint alors l'École Impériale d'Horlogerie.

Cette transformation eut des conséquences majeures :

- Le recrutement des élèves devint national, attirant des jeunes de toute la France et non plus seulement de Cluses.
- La formation devint gratuite, à l'exception de l'outillage et de la pension chez l'habitant.
- Le niveau de l'enseignement fut relevé, avec 2 à 3 heures de cours théoriques et 7 à 8 heures d'atelier par jour.
- L'objectif était de former des élèves complets, à la fois des horlogers habiles et des citoyens instruits et ouverts d'esprit.

La discipline était stricte, à l'intérieur comme à l'extérieur de l'école. L'organisation de l'école se renforça avec l'arrivée d'un médecin et d'un aumônier à des postes permanents.

Le nouveau règlement fit de Cluses, la seule école d'horlogerie d'État sur le territoire français. Cette reconnaissance officielle s'accompagna d'une subvention annuelle de 20 000 francs, qui permit à l'école de consolider ses finances et d'investir dans son développement.

Le nombre d'élèves ne cessant de croître, l'école dut accroître son offre de lits d'internat. L'idée de construire un nouveau bâtiment fit son chemin.

La construction de la nouvelle école d'horlogerie de Cluses : Un symbole de progrès et d'ambition

La visite du ministre des Travaux publics en 1868 a marqué un tournant décisif dans l'histoire de l'école. C'est à cette occasion que le principe de la construction d'un ensemble école/internat a été acté.

En 1871, suite aux accords entre le gouvernement et l'école impériale d'horlogerie, celle-ci fut rebaptisée école nationale d'horlogerie (ENH).

Malgré les changements politiques, le projet de construction a été confirmé en 1873.

La commune de Cluses a offert un terrain au bord du village pour accueillir le nouvel établissement.

L'appel d'offres a été remporté par M. Ruphy, un architecte d'Annemasse, et M. Gaudin, un entrepreneur.

L'école en cours de construction en 1884

Aménagement des abords de l'école en 1884.

Les travaux ont débuté en 1880 et ont duré cinq années. Cinq années nécessaires pour faire sortir de terre un bâtiment flambant neuf doté de classes ultramodernes. Cependant, ni les logements du directeur ni l'internat n'ont été construits à ce stade.

La construction de la nouvelle école d'horlogerie de Cluses était un symbole de progrès et d'ambition. Elle représentait la volonté de l'État de doter la France d'une institution d'excellence pour la formation professionnelle et des horlogers en particulier.

Les 140 élèves prennent possession des lieux lors de la rentrée scolaire du 3 novembre 1885.

L'inauguration de l'école d'horlogerie de Cluses : un événement symbolique et une reconnaissance nationale

Le 30 septembre 1886, l'école d'horlogerie de Cluses est inaugurée en grande pompe. Cet événement a marqué l'aboutissement d'un long processus et a été l'occasion de célébrer l'ambition et le savoir-faire français en matière d'horlogerie.

L'inauguration a attiré deux figures importantes du gouvernement français : René Goblet, ministre de l'Instruction publique et Édouard Lockroy, ministre du Commerce et de l'Industrie. La présence de ces deux personnalités souligne l'importance que le gouvernement accordait à l'école et à son rôle dans le développement de l'industrie horlogère française.

Dans leur discours, les deux ministres ont exprimé leur profond intérêt pour l'aventure clusienne et ont reconnu l'importance de cette nouvelle école pour l'avenir de l'horlogerie nationale.

Ils ont également salué le travail des enseignants et des élèves, ainsi que la qualité de la formation dispensée. L'inauguration de l'école d'horlogerie de Cluses a été un événement symbolique à plusieurs égards : elle a marqué la consécration d'un long processus de création et de construction ; elle a été l'occasion de célébrer l'excellence française ; elle a permis de mettre en lumière l'importance de la formation et du savoir-faire dans les domaines mécaniques et enfin elle a contribué à la reconnaissance nationale de l'école d'horlogerie de Cluses.

L'inauguration a été un véritable succès et a donné un nouveau souffle à l'institution. L'école est devenue un centre d'excellence pour la formation des horlogers et a contribué au développement de l'industrie horlogère dans les années qui ont suivi.

René Goblet et l'école d'horlogerie de Cluses : un laboratoire pour une réforme novatrice

René Goblet, fervent partisan de la réforme de l'enseignement supérieur, voit dans l'école un laboratoire grandeur nature pour l'application de ses idées novatrices. Il est convaincu que cet établissement peut jouer un rôle crucial dans la formation d'une main-d'œuvre qualifiée et contribuer à l'essor de l'industrie horlogère nationale.

Pour Goblet, l'école d'horlogerie de Cluses incarne plusieurs aspects de sa vision réformiste :

René Goblet (1828 - 1905).

- Un enseignement technique de pointe : l'école dispense une formation pratique et théorique approfondie, adaptée aux besoins réels de l'industrie.
- Un lien étroit entre l'école et l'entreprise : l'école collabore étroitement avec les fabricants pour garantir ainsi que les élèves acquièrent les compétences et les connaissances nécessaires pour être immédiatement opérationnels.
- Un cursus accessible aux talents de tous horizons : l'école recrute ses élèves sur la base de leur mérite et non de leur origine sociale, favorisant ainsi l'émergence de nouveaux talents.

Goblet voit dans le succès de l'école d'horlogerie la preuve que son approche pédagogique est la bonne. Il est persuadé que ce modèle peut être appliqué à d'autres secteurs d'activité et contribuer à la modernisation de l'économie française.

L'école d'horlogerie de Cluses devient ainsi un symbole de la réforme de l'enseignement supérieur et un exemple concret de l'alliance entre l'excellence pédagogique et les besoins du monde économique.

Édouard Lockroy et l'école d'horlogerie de Cluses : un engagement pour l'excellence

Pour Édouard Lockroy, la découverte de l'école d'horlogerie de Cluses est une véritable révélation. Fasciné par cette formation

Édouard Lockroy (1838 - 1913).

professionnelle unique en France, il est persuadé que l'école peut et doit devenir un centre d'excellence.

Dès lors, il s'engage à promouvoir l'école auprès du gouvernement et à lui apporter son soutien indéfectible. Son influence et sa conviction contribuent à asseoir la réputation de l'école et à lui garantir les moyens nécessaires à son développement.

L'inauguration de l'école en 1886 est un moment symbolique qui marque le début d'une nouvelle ère.

Malheureusement, l'état de santé du directeur, âgé de 82 ans, ne lui permet pas de prononcer le discours tant attendu.

C'est donc son adjoint, Emile Peltre, qui aura l'honneur de recevoir les autorités et de célébrer l'ouverture de ce bâtiment qui deviendra le symbole d'une institution hors normes.

Vue de l'école avec, en arrière-plan, le Pic du Marcilly

La visite des ateliers et des classes : un regard vers l'avenir

La visite de l'école d'horlogerie de Cluses, lors de l'inauguration en 1886, ne se limitait pas aux ateliers d'horlogerie traditionnels. Elle offrait aux invités un aperçu fascinant de l'avenir, en les emmenant dans les nouvelles classes d'électricité et de petite mécanique.

Ces classes reflétaient la vision avant-gardiste du directeur, qui avait compris l'importance croissante de l'électricité et des technologies mécaniques dans le monde moderne.

La classe, ultra-moderne, d'horlogerie.

Les ateliers d'électricité étaient équipés d'outils et de machines dernier cri, permettant aux élèves d'apprendre l'installation et la maintenance des appareils électriques.

Les classes de mécanique préparaient les élèves aux techniques nouvelles, comme la réparation et l'entretien de moteurs et de mécanismes plus complexes que ceux de l'horlogerie traditionnelle.

Ces formations complémentaires donnaient aux futurs horlogers et aux autres élèves, un atout précieux sur le marché du travail, en leur permettant de se familiariser avec des procédés novateurs.

L'école répondait également aux demandes spécifiques de certains secteurs, comme les services des postes, télégraphes et téléphones (PTT), qui avaient besoin de techniciens capables de gérer les technologies électriques et mécaniques.

En 1886, l'électricité arrivait juste dans les villes et les véhicules à moteur étaient encore à l'état de prototypes. L'école d'horlogerie de Cluses, avec sa vision ultra-moderne et sa formation innovante, était résolument en avance sur son temps.

Un environnement propice à l'apprentissage et à l'épanouissement

Les établis des élèves sont disposés face à de larges baies vitrées. Cette disposition permet un travail aisé, grâce à la lumière naturelle et à l'air pur des montagnes environnantes.

L'éloignement de la ville est également mis en avant comme un atout majeur. Dans une publication vantant les mérites de l'école, on peut lire :

« *Loin des rumeurs et des tentations de la grande ville, c'est dans une atmosphère extrêmement propice à l'étude que les élèves de l'école peuvent se livrer à leurs travaux minutieux et captivants.* »

La montagne est également présentée comme un lieu de détente et d'épanouissement.

Chaque dimanche, les élèves peuvent profiter de son air pur, de son ciel bleu, de ses cimes abruptes et de ses plateaux enneigés. Les longues glissades à ski permettent à leur esprit de se libérer des fatigues et des soucis quotidiens.

L'école d'horlogerie de Cluses offre ainsi à ses élèves un environnement unique, qui favorise à la fois l'apprentissage et l'épanouissement personnel.

Une retraite bien méritée : hommage à Achille Hubert Benoit

En 1889, après 41 années de service dévoué, dont 3 après l'inauguration du nouveau bâtiment, M. Achille Hubert Benoit prend une retraite amplement méritée.

Son travail de titan, sa vie dédiée à la formation professionnelle et sa vision moderne de l'apprentissage ont profondément marqué l'institution et l'ensemble de l'industrie horlogère.

Ses nombreuses récompenses témoignent de son engagement exemplaire. Il est nommé Officier de l'ordre de Saint Maurice et Lazare

(Saint Maurice étant le saint patron de la famille de Savoie), Officier de la Légion d'honneur et reçoit, à maintes reprises, la reconnaissance de l'Académie.

Le 20 février 1895, il s'éteint à Cluses à l'âge de 90 ans, non loin de son « école », qu'il a façonnée avec passion et persévérance.

En toute logique son bras droit, Emile Peltre, reprendra le flambeau en tant que directeur et cela pendant 10 ans (de 1889 à 1899).

Emile Peltre

Pendant son mandat, en 1892, l'école changera une nouvelle fois de nom, passant du simple École Nationale d'Horlogerie à École Nationale d'Horlogerie, de Petite Mécanique et d'Électricité, préfigurant les nouvelles formations prévues.

Il n'aura cessé de continuer, avec succès le travail de son prédécesseur.

La section de mécanique prend son envol

En plus de la réputation grandissante de la section horlogerie, la classe de mécanique devient incontournable. Dès 1892, l'idée d'une formation à part entière est émise. Cette formation vise à former des élèves à la fabrication d'horlogerie, de mécanique de précision, d'instruments de mesure et de contrôle ainsi que d'appareillage électrique.

La demande croissante pour ces enseignements oblige la direction de l'école à envisager la multiplication des ateliers dédiés. Une étude est lancée pour évaluer les travaux à réaliser et les financements possibles pour l'achat du matériel nécessaires à l'apprentissage de ces nouvelles techniques. La mise en place de ces ateliers sera effective en 1909.

Jean Lavaivre.

Le directeur, Émile Peltre, décède brutalement en 1899. Il est remplacé par Jean Lavaivre, un habitué de l'école. Enfant, il jouait dans la cour de l'école, son père y occupant le poste de surveillant.

De 14 à 18 ans, Jean Lavaivre suit la formation en horlogerie. Après l'obtention de son diplôme, il devient chef d'atelier puis occupe le poste de sous-directeur de l'école. En 1899, suite au décès de son prédécesseur, il prend la direction de l'école, qu'il occupera jusqu'en 1905.

Malgré une vision plus classique de ses fonctions de directeur, M. Lavaivre met en place le « musée ». Cette salle, en rez-de-chaussée, expose les œuvres des élèves,

Salle du musée en 1900

permettant de présenter le travail de l'école aux visiteurs. On y trouve des objets horlogers, des outillages et des pièces diverses que les élèves ont fabriqués au cours de leurs formations.

Le règlement stipule que si l'élève souhaite récupérer son « œuvre », il doit la racheter à l'école. La plupart des élèves, venant de familles modestes, repartent de l'école en « faisant don » au musée de leurs fabrications.

Association Amicale des Anciens Élèves de l'École Nationale d'Horlogerie de Cluses (AAAE)

Si MM. Benoit et Peltre avaient jeté les bases de l'amicale, c'est M. Lavaivre qui, en 1901, finalisa sa constitution, suivra un arrêté préfectoral en date du 23 avril 1901, rendant l'association officielle.

M. Lavaivre en devint le président pour ce premier mandat.

Le bureau se composait comme suit :

Vice-Président :

- M. Boudeaud (Constructeur de chronomètres, Paris)

Secrétaire général :

- M. Gaillard (Professeur à Cluses)

Secrétaires adjoints :

- M. Bretton (Fabricant d'horlogerie à Cluses)
- M. Guthmann (Commissionnaire en horlogerie à Paris)

Trésorier :

- M. Carizet-Brunet (Fabricant d'horlogerie à Cluses)

Commissaires :

- M. Carpano (industriel à Cluses)
- M. Crettiez (fabricant d'horlogerie à Cluses)
- M. Debiol (fabricant de compteurs à eau, Paris)
- MM. Devant, Dupupet et Lambert (chefs d'atelier à Cluses)
- M. Houillier (mécanicien des Télégraphes à Marseille)
- M. Michelon (horloger-bijoutier à Valence)
- M. Poncet (chef d'atelier à l'École d'horlogerie de Cluses)
- M. René (horloger-bijoutier à Caen)
- M. Sivan (fabricant d'horlogerie à Genève)
- M. Vachet (fabricant d'horlogerie à Paris)

Ce bureau, composé de professionnels reconnus dans le milieu horloger, permit à l'amicale de devenir un lien important entre les anciens élèves, mais aussi un réseau permettant des recommandations pour d'éventuels recrutements.

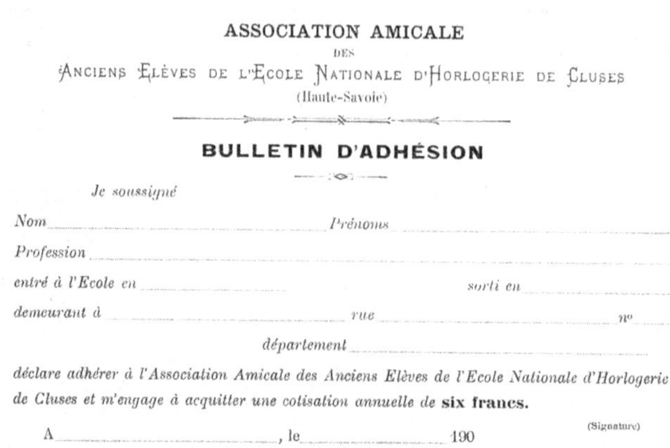

ASSOCIATION AMICALE

DES

ANCIENS ÉLÈVES DE L'ÉCOLE NATIONALE D'HORLOGERIE DE CLUSES

(Haute-Savoie)

BULLETIN D'ADHÉSION

Je soussigné

Nom .... *Prénoms* ....

Profession ....

entré à l'Ecole en .... *sorti en* ....

demeurant à .... *rue* .... *n°* ....

département ....

déclare adhérer à l'Association Amicale des Anciens Elèves de l'Ecole Nationale d'Horlogerie de Cluses et m'engage à acquitter une cotisation annuelle de **six francs.**

A ...., le .... 190 (Signature)

Le 1er bulletin d'adhésion à l'Association Amicale des Anciens Élèves de l'École Nationale d'Horlogerie de Cluses.

Dès sa première année d'existence, l'Amicale comptera 356 adhérents, dont la majorité sont des professionnels de l'horlogerie-bijouterie, de la réparation horlogère, de la fabrication horlogère, et d'autres domaines tels que la mécanique et l'électricité. Les membres sont répartis dans toute la France.

L'Amicale compte également quelques membres étudiants, encore en cours de formation à l'école.

Un annuaire sera imprimé chaque année, comprenant la liste actualisée de tous les adhérents. Un bulletin mensuel sera édité, contenant des articles techniques rédigés principalement par des professeurs de l'école (par exemple, M. Poncet proposera une documentation complète sur l'horlogerie électrique), des informations générales, et bien sûr des nouvelles de la vie de l'Amicale, des anciens élèves et des offres d'emploi.

L'amicale des « *Anciens de Cluses* » est toujours très active. Depuis plus de 120 ans, elle tisse des liens étroits entre les générations et constitue un véritable vecteur de communication, permettant la transmission de l'histoire de l'école à travers les décennies, voire les

1re Année. N° 1 Mai.

ASSOCIATION AMICALE

DES ANCIENS ÉLÈVES

DE

L'ÉCOLE NATIONALE D'HORLOGERIE

DE CLUSES

ANNUAIRE 1901

CLUSES

IMPRIMERIE TYPOGRAPHIQUE F. TROTTET

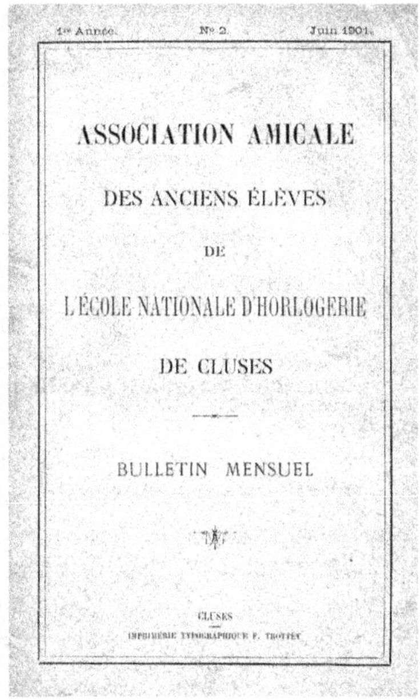
1re Année. N° 2. Juin 1901.

ASSOCIATION AMICALE

DES ANCIENS ÉLÈVES

DE

L'ÉCOLE NATIONALE D'HORLOGERIE

DE CLUSES

BULLETIN MENSUEL

CLUSES

IMPRIMERIE TYPOGRAPHIQUE F. TROTTET

Le premier annuaire et bulletin de l'association, Mai et Juin 1901 (Voir annexe 2)

siècles. Notre vénérable institution, qui s'étend sur le XIXe, le XXe et le XXIe siècle, bénéficie ainsi d'un lien précieux avec son passé.

Dans un autre bulletin « *Le mensuel de l'horlogerie et de la bijouterie* » de janvier 1904, un très bel article, est écrit, pour les cinquante ans de l'école, avec une mention spéciale pour le premier directeur, Achille Hubert Benoit.

L'article fait référence, également, à une publication de M. Lavaivre expliquant le fonctionnement de l'école d'horlogerie :

> « La durée des études est de trois ans et l'enseignement est gratuit. Depuis 1893, l'école reçoit en outre des jeunes gens se destinant à la petite mécanique de précision et à ses applications à l'électricité. Chaque jour, deux heures sont consacrées aux cours de théorie et de dessin, huit heures aux travaux d'atelier.
>
> Le programme de l'enseignement pratique, en section horlogerie, se compose d'exercices préliminaires de lime et de burin, consistant en menus outils d'horlogerie. Ébauches. Barillets.
>
> Remontoirs. Rouages. Échappements à cylindre. Arrondissage de roues. Exercices de sertissage. Réparations de montre à cylindre. Échappement à ancre. Pose de spiraux Bréguet et cylindriques. Repassage et emboîtage d'une montre à ancre. Réglage de précision.

Quantième. Chronographe. Répétition. Échappements divers ainsi que toutes réparations d'horlogerie, montres et pendules.
En section de petite mécanique et d'électricité, le programme est réparti en travail de lime et burin, fabrication d'outils, ébauche, barillet et rouage d'une montre.
Outils de mécanique : burins, mèches, forets, tarauds, vis-mères, pied à coulisse avec vernier au 1/20 de mm.
Horlogerie électrique : horloges distributrices à remontage automatique ou à la main, compteurs, horloges à synchronisation, régulateur électromagnétique, chronographes électriques, etc. Interrupteurs, commutateurs, galvanomètres, ampèremètres, relais, appareils électromédicaux, régulateurs de lampes à arc, petits moteurs magnétos ou dynamos, etc.
Télégraphes, microphones, téléphones, etc.
Le programme de l'enseignement théorique comprend le dessin technique, les mathématiques, la mécanique, les éléments de physique, de chimie, de cosmographie, l'électricité et la technologie de l'horlogerie : engrenages, calcul des rouages, pendule, échappements, remontoirs, pièces compliquées.
La demande des conditions d'admission et de séjour doit être faite à M. J. Lavaivre, Directeur de l'École Nationale d'Horlogerie, à Cluses (Hte-Savoie).

En 1903, 135 élèves sont inscrits à l'école, 2 professeurs et 1 surveillant sont présents, par classe.

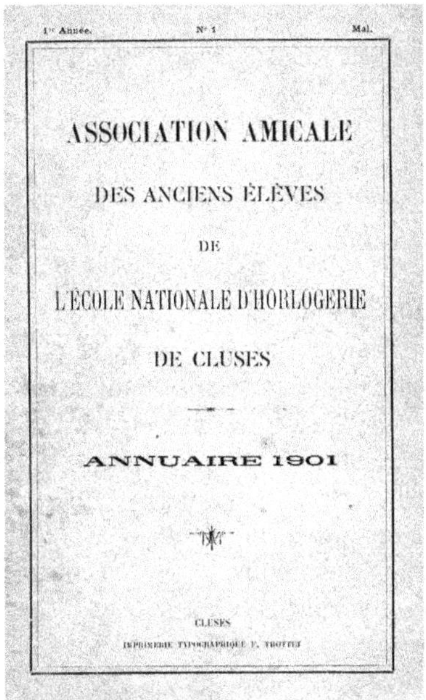
1re Année. N° 1 Mai.

ASSOCIATION AMICALE

DES ANCIENS ÉLÈVES

DE

L'ÉCOLE NATIONALE D'HORLOGERIE

DE CLUSES

ANNUAIRE 1901

CLUSES

IMPRIMERIE TYPOGRAPHIQUE F. TROTTET

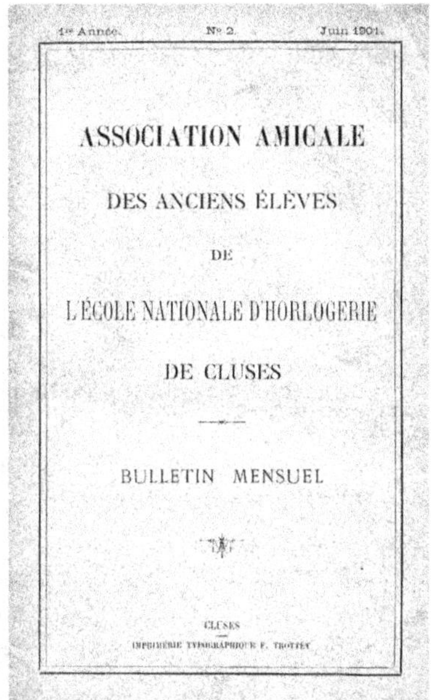
1re Année. N° 2. Juin 1901.

ASSOCIATION AMICALE

DES ANCIENS ÉLÈVES

DE

L'ÉCOLE NATIONALE D'HORLOGERIE

DE CLUSES

BULLETIN MENSUEL

CLUSES

IMPRIMERIE TYPOGRAPHIQUE F. TROTTET

Le premier annuaire et bulletin de l'association, Mai et Juin 1901 (Voir annexe 2)

siècles. Notre vénérable institution, qui s'étend sur le XIXe, le XXe et le XXIe siècle, bénéficie ainsi d'un lien précieux avec son passé.

Dans un autre bulletin « *Le mensuel de l'horlogerie et de la bijouterie* » de janvier 1904, un très bel article, est écrit, pour les cinquante ans de l'école, avec une mention spéciale pour le premier directeur, Achille Hubert Benoit.

L'article fait référence, également, à une publication de M. Lavaivre expliquant le fonctionnement de l'école d'horlogerie :

> « La durée des études est de trois ans et l'enseignement est gratuit.
> Depuis 1893, l'école reçoit en outre des jeunes gens se destinant à la petite mécanique de précision et à ses applications à l'électricité.
> Chaque jour, deux heures sont consacrées aux cours de théorie et de dessin, huit heures aux travaux d'atelier.
> Le programme de l'enseignement pratique, en section horlogerie, se compose d'exercices préliminaires de lime et de burin, consistant en menus outils d'horlogerie. Ébauches. Barillets.
> Remontoirs. Rouages. Échappements à cylindre. Arrondissage de roues. Exercices de sertissage. Réparations de montre à cylindre.
> Échappement à ancre. Pose de spiraux Bréguet et cylindriques. Repassage et emboîtage d'une montre à ancre. Réglage de précision.

Quantième. Chronographe. Répétition. Échappements divers ainsi que toutes réparations d'horlogerie, montres et pendules.
En section de petite mécanique et d'électricité, le programme est réparti en travail de lime et burin, fabrication d'outils, ébauche, barillet et rouage d'une montre.
Outils de mécanique : burins, mèches, forets, tarauds, vis-mères, pied à coulisse avec vernier au 1/20 de mm.
Horlogerie électrique : horloges distributrices à remontage automatique ou à la main, compteurs, horloges à synchronisation, régulateur électromagnétique, chronographes électriques, etc. Interrupteurs, commutateurs, galvanomètres, ampèremètres, relais, appareils électromédicaux, régulateurs de lampes à arc, petits moteurs magnétos ou dynamos, etc.
Télégraphes, microphones, téléphones, etc.
Le programme de l'enseignement théorique comprend le dessin technique, les mathématiques, la mécanique, les éléments de physique, de chimie, de cosmographie, l'électricité et la technologie de l'horlogerie : engrenages, calcul des rouages, pendule, échappements, remontoirs, pièces compliquées.
La demande des conditions d'admission et de séjour doit être faite à M. J. Lavaivre, Directeur de l'École Nationale d'Horlogerie, à Cluses (Hte-Savoie).

En 1903, 135 élèves sont inscrits à l'école, 2 professeurs et 1 surveillant sont présents, par classe.

L'essor du mouvement ouvrier à Scionzier et son influence sur Cluses

Vers 1901, un syndicat CGT, de travailleurs horlogers voit le jour à Scionzier, village voisin de Cluses tout aussi marqué par l'industrie horlogère.

Le contexte historique est important pour comprendre les motivations des travailleurs.

La fin du XIXe siècle et le début du XXe siècle sont marqués par une forte croissance de l'industrie horlogère dans la région de Cluses. Cette croissance s'accompagne de conditions de travail difficiles et de salaires bas. En toute logique, les travailleurs s'organisent en syndicats pour défendre leurs droits.

En août 1903, sous la houlette de Camille Caux, le syndicat déclenche une grève générale.

Des manifestations s'organisent, allant jusqu'à Cluses, au son de l'Internationale et sous le drapeau rouge. Les événements à Scionzier inspirent profondément les travailleurs des villages voisins.

En octobre 1903, un syndicat est créé à Cluses.

À l'approche du 1er mai 1904, les travailleurs du bassin de l'Arve aspirent à organiser une manifestation à Cluses contre l'exploitation capitaliste et pour l'émancipation sociale.

L'affaire Crettiez : un drame social à Cluses

En ce début d'année 1904, Cluses est en effervescence. La campagne électorale bat son plein et les tensions sociales montent crescendo.

L'entreprise Crettiez, une manufacture horlogère renommée, est au cœur de l'agitation. Un des fils du patron figure sur la liste du maire sortant, Edmond Drompt, tandis que les ouvriers, dont plusieurs anciens élèves de l'école d'horlogerie, soutiennent la liste d'opposition menée par François Rannaz.

Le 1er mai, les élections ont lieu et Edmond Drompt est réélu.

Dans un contexte économique difficile, l'industrie horlogère est en crise, les problèmes financiers s'accumulent et logiquement, le 7 mai, Claude Crettiez prend la décision de licencier plusieurs ouvriers.

Une partie des ouvriers / ouvrières de l'usine Crettiez avant le drame.

L'ensemble des salariés va faire front car les 7 ouvriers licenciés, sont ceux-là mêmes qui ont soutenu la liste d'opposition et 42 des 60 personnes rémunérées par l'entreprise se mettent en grève en solidarité avec leurs compagnons de « combat ».

Des ouvriers et Michel (un des fils Crettiez) dans l'atelier de fabrication de l'usine.

Pour le patron, il est hors de question de négocier et le dialogue se rompt. La situation s'envenime et le 11 juillet, la grève générale est décidée et l'usine fermée. L'affaire Crettiez devient, alors un drame social, qui marque profondément la ville.

Elle met en lumière les tensions sociales croissantes dans l'industrie horlogère et le fossé grandissant entre le patronat et les ouvriers.

Rare document du piquet de grève devant l'usine Crettiez, quelques heures avant le drame.

Le 18 juillet, comme quasiment tous les jours, une manifestation et un piquet de grève s'organisent devant le bâtiment principal de l'usine, mais ce jour-là, la vindicte populaire s'amplifie et les fils Crettiez, craignant pour leurs vies, se retranchent dans leurs appartements, au 1er étage de l'usine, sortent leurs fusils et tirent ; trois manifestants tombent, morts. Devant ce spectacle, la foule se déchaîne, prend le bâtiment d'assaut et après l'avoir saccagé, l'incendie.

L'affaire Crettiez reste un symbole des tensions sociales de l'époque.

Elle met en lumière les injustices et les inégalités qui existaient alors.

La fusillade du 18 juillet 1904 a eu de nombreuses conséquences pour Cluses ; le maire, Edmond Drompt, nouvellement élu, démissionne en novembre 1904, tant l'impact de cet événement tragique est profond.

L'usine après le saccage et l'incendie

Mouvement de montre à échappement à cylindre, fabriqué vers 1900 par Crettiez

Photos de presse découpées et annotées par un manifestant :

Photo 1 : Les deux croix sur la façade indiquent d'où les frères Crettiez ont tiré sur la foule.
Photo 2 : Pendant l'incendie déclenché par les manifestants.
Photo 3 : Les restes du dernier étage de l'usine, ravagé.
Photo 4 : Enterrement des 3 victimes des tirs.

La place qui a subi les tirs des fils Crettiez, l'usine au fond, photo prise du 1er étage de la mairie.

L'usine Crettiez, à gauche, en ruine, face au marché couvert, sur la place principale de Cluses

L'atelier de fabrication après l'incendie.

Série de clichés juste après l'intervention des pompiers.

Dessin de presse du procès, de l'époque

Le 11 juin 1905 encore, 500 manifestants s'opposent au retour des Crettiez à Cluses.

Claude Crettiez est, alors, contraint de déménager son entreprise et toute sa famille dans une ville voisine, Sallanches.

Un monument est érigé dans le cimetière de Cluses en souvenir des ouvriers tombés sous les balles.

Il est devenu, depuis, un lieu de recueillement pour les syndicalistes, notamment chaque 1er mai.

Photo de Henri Crettiez, retrouvée dans les ruines de l'usine

L'école d'horlogerie va être très présente, dans le conflit, car beaucoup d'ouvriers sont issus directement ou indirectement de l'école et cette période sera compliquée pour les responsables de l'école car, comment prendre parti pour l'un ou l'autre camp, sachant, de plus, que M. Crettiez est commissaire dans l'Association Amicale des Anciens Élèves.

Photo de presse de Marcel, Jean et Michel Crettiez

Après toutes ces tensions et considérant que sa rémunération en tant que directeur est insuffisante, M. Lavaivre jette l'éponge et cela malgré sa passion pour l'horlogerie. Il change complètement de voie en achetant un hôtel dans une ville touristique voisine, Chamonix.

Il deviendra même maire de cette ville de 1920 à 1935.

Il laissera, ainsi sa place de directeur à un de ses meilleurs professeurs, M. Charles Poncet.

Charles Poncet : un bâtisseur visionnaire

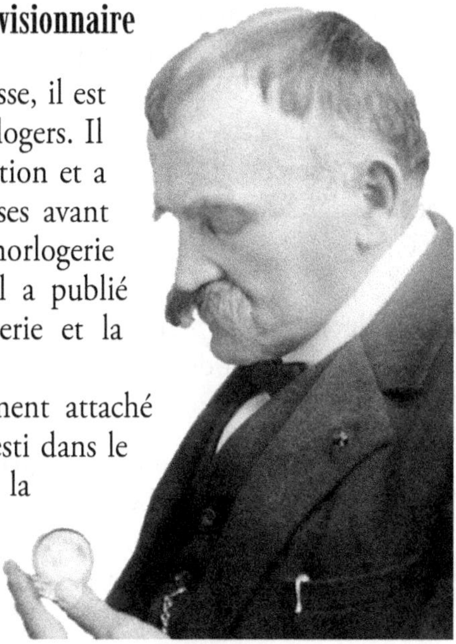

Charles Poncet

Né en 1856 à Araches-la-Frasse, il est issu d'une famille d'artisans-horlogers. Il est lui-même horloger de formation et a travaillé dans plusieurs entreprises avant de devenir professeur à l'école d'horlogerie de Cluses. Auteur prolifique, il a publié plusieurs ouvrages sur l'horlogerie et la mécanique de précision.

C'est un homme profondément attaché à sa région et s'est toujours investi dans le développement économique de la vallée de l'Arve.

Il est unanimement reconnu par ses contemporains comme un visionnaire et un leader charismatique.

Charles Poncet est une figure incontournable de l'histoire de l'horlogerie. En 1905, il prend la direction de l'école et c'est son influence et son dévouement qui ont permis à l'école d'horlogerie de Cluses de devenir un centre d'excellence international.

Le premier bâtiment fini, lors de la prise de fonction de son nouveau directeur : Charles Poncet.

Son arrivée marque un tournant majeur dans l'histoire de l'institution. Il modernise les programmes et les équipements, ce qui autorise de nouvelles formations.

Sous sa houlette, l'école se développe considérablement, le nombre d'élèves augmente, les infrastructures s'agrandissent et la réputation de l'école s'étend désormais bien au-delà des frontières françaises.

Grâce à son dynamisme et à sa vision novatrice, Charles Poncet fait de l'école d'horlogerie un véritable fleuron de l'industrie horlogère. Son influence se fait sentir bien au-delà de son époque et son héritage continue d'inspirer des générations d'horlogers.

Les nouvelles modernisations mises en place par Charles Poncet

- La réforme des programmes et des équipements : il introduit de nouvelles machines-outils, des laboratoires de pointe et des méthodes d'enseignement modernes.
- Le développement de nouvelles formations : il crée des sections spécialisées dans la micromécanique et l'électricité.
- La création d'un centre de recherche : il encourage l'innovation et le développement de nouvelles technologies horlogères.
- L'organisation de conférences et de symposiums internationaux : il fait de l'école d'horlogerie de Cluses un pôle d'échange et de collaboration entre les experts du monde entier.

La mise en place d'une première ligne électrique, sur la gauche du bâtiment, est une obligation pour une école qui forme les futurs professionnels dans la maintenance, l'installation et la réparation d'appareillage électrique. Pour plus de protection, des paratonnerres modernes, seront posés sur le toit.

En même temps que l'école devient un ensemble scolaire important, le petit village est devenu une bourgade charmante.

L'École Nationale d'Horlogerie, de Petite Mécanique et d'Électricité au début du 20e siècle.

Photo de classe - 1904

Dans ce début du 20e siècle l'école est juste aux « portes » de Cluses, avec autour de ce nouveau bâtiment, champs et fermes, donnant une ambiance scolaire très bucolique.

La « Grande rue » rend l'école très accessible, les élèves pouvant aller facilement à la gare ou au centre-ville, pour les logements chez l'habitant ou d'autres sorties extra-scolaires.

Professeurs et étudiants ont pris leurs marques dans les ateliers et classes de cours, ultra-modernes et équipées d'un outillage de pointe.

Cet atelier comprend deux divisions, celle des rhabilleurs, étude préparant à la réparation et service après-vente des montres, pendules et horloges et celle des futurs fabricants. Ces derniers ont à leur disposition les principales machines-outils servant à la fabrication de l'hor-

Situation de la mairie au centre du bourg et de l'école d'horlogerie en 1906

La fin de l'été et l'automne sont des saisons très agréables à Cluses, plantations en cours, sur les extérieurs de l'école.

logerie par procédés mécaniques. Ces machines sont installées sur de grands établis, au milieu de la classe et sont actionnées par de très modernes moteurs électriques.

Atelier des 3e année en horlogerie.

Atelier de fabrication de boîtier de montre, d'une entreprise Clusienne

Les différentes usines et fabricants d'horlogerie et de petite mécanique de la vallée de l'Arve vont prendre exemple sur l'école en matière de modernisation des méthodes de fabrication, aidées en cela par l'électricité et une main-d'œuvre maîtrisant parfaitement, en sortant de l'école, ces nouvelles technologies.

Classe de mécanique formant les futurs ouvriers, pour la plupart, des ateliers clusiens.

Atelier d'horloger/mécanicien, calibriste, équipé d'éclairage et machines électriques.

Atelier de polissage des boîtiers de montres.

L'électricité révolutionne les ateliers de polissage des métaux

L'arrivée de l'électricité a bouleversé de fond en comble les ateliers spécialisés dans le polissage des métaux. Les tourets, ces meuleuses équipées de feutre ou de brosses plus ou moins dures, ont désormais recours à l'énergie électrique, bien plus modulable que la force hydraulique auparavant utilisée. Cette évolution a permis d'obtenir une finition parfaite des états de surface avant leurs traitements tels que le bleuissage, la dorure ou le chromage.

Atelier de dorure pour pièce d'horlogerie

Avant l'électricité, l'ensemble des machines dans les ateliers fonctionnait grâce à l'énergie hydraulique, ce qui les rendait dépendantes des niveaux d'eau et des aléas climatiques.

L'électricité a permis de multiplier les machines dans les usines, augmentant ainsi la production et l'efficacité.

L'usine Carpano et Pons en bord de l'Arve

Mais surtout, l'arrivée de l'électricité a marqué un tournant majeur par l'installation d'aspirateurs, permettant de protéger les ouvriers des poussières de polissage, qui furent à l'origine de nombreuses maladies professionnelles.

Autre vue de l'usine Carpano et Pons.

L'ensemble des énergies utilisées avant l'électricité était produit par l'Arve, rivière prenant sa source dans le massif du Mont-Blanc qui est l'un des cours d'eau les plus abondants de France. L'eau disponible toute l'année, gonflée par de nombreux torrents venant des montagnes avoisinantes ainsi que de la Mer de Glace.

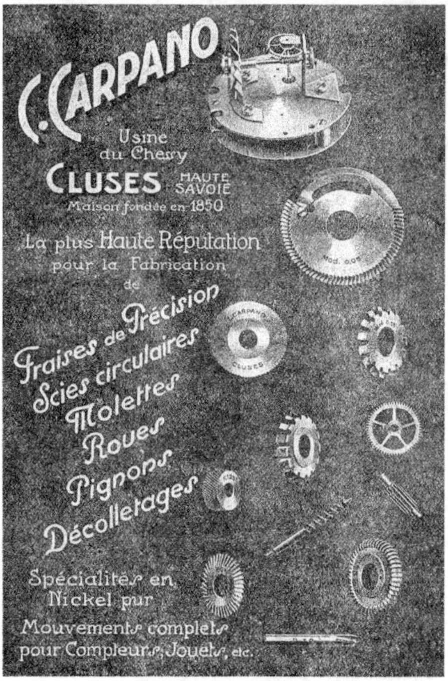

Une des grandes entreprises clusiennes : Carpano & Pons.

Cette énergie est domestiquée à grand renfort de barrages et autres digues, permettant de détourner l'eau pour le fonctionnement des machines de productions de toute la vallée et ainsi réduire au maximum les imprévus météorologiques.

Les ateliers et usines d'horlogerie créent la mixité, chose rare à l'époque, suivant certainement l'exemple de l'école d'horlogerie mais surtout grâce à la dextérité de ces dames, dans les métiers de petite mécanique.

Les patrons voient là, une main-d'œuvre de grande qualité, sous payée par rapport aux salariés masculins et surtout peu revendicatives.

Elles ont des familles à nourrir, donc les grèves et autres états d'âme ne font pas partie de leur vision du travail, heureuses d'avoir quelques rentrées pécuniaires malgré des conditions de travail souvent compliquées.

Atelier mixte dans une manufacture d'horlogerie, les apprentis sont face aux fenêtres

Les élèves de l'école s'organisent en amicale, prenant exemple sur leurs aînés syndicaliste.

Fête lors d'un passage d'année

La classique photographie du début de l'année scolaire, professeurs et élèves en 1907.

Un ensemble de rites, protocoles et fêtes diverses prend de plus en plus d'importance dans la vie de l'école.

Chaque promotion à sa propre identité, pas toujours bien vue par l'ensemble des professeurs, surveillants et directeurs. De certaines très actives, à des années calmes, l'école résonnait souvent des chansons des promos « vantant » les mérites de telle ou telle personne. Généralement visé : le corps enseignant ou bien les surveillants, chacun ayant un sobriquet, code bien vite déchiffré par les incriminés, l'histoire finissant

Cluses et l'entrée de la gorge, en 1908

Les élèves, studieux, dans l'un des trois ateliers d'horlogerie

Atelier des élèves en 2e année de mécanique

Atelier des 3e et 4e années, en mécanique

généralement par des travaux d'intérêt général.

La ville de Cluses devient de plus en plus urbaine, mais toujours pas d'internat à l'école, comme depuis sa création, les élèves trouvent « refuge » chez l'habitant, voire dans quelques chambres d'hôtels, réservées à cet effet.

Au premier plan, au centre de la photo ci-dessus, des bancs de tours, fabriqués à l'école dans les classes de mécanique,destinés aussi bien pour les élèves dans les classes d'horlogerie, que

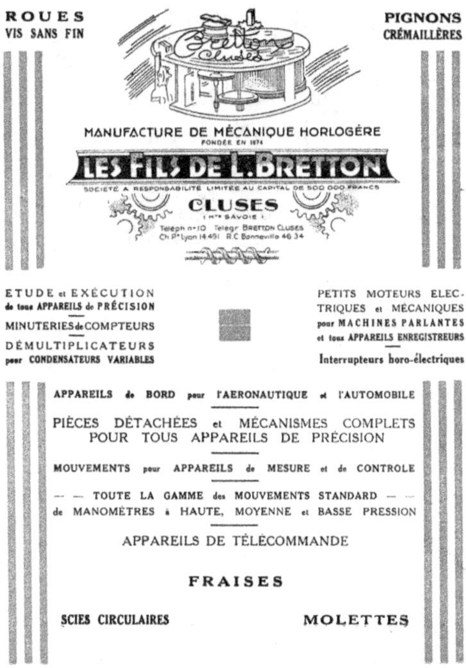

Publicité pour l'entreprise Bretton

pour des ateliers indépendants ou des manufactures de micromécanique comme Carpano et Pons ou Bretton. Les outils proposés avaient une réputation de grande qualité, leurs ventes procuraient à l'école de confortables revenus.

Nos anciens avaient entre 48 et 51 heures de cours par semaine réparties de manière suivante :

- Français 3 h
- Histoire et géographie 1 h
- Langue (Anglais ou Allemand) 2 h
- Arithmétique 1 h
- Géométrie – Trigonométrie 1 h
- Physique 1 h
- Chimie 1 h
- Électricité 1 h
- Mécanique 1 ou 2 h
- Théorie d'horlogerie 1 ou 2 h
- Dessin 3 ou 4 h
- Travaux pratiques 30 h
- Éducation physique 2 h

Pour arriver à boucler un tel emploi du temps, les élèves devaient se lever, le matin, à 6 h pendant l'hiver et 5 h 30 l'été. Ils avaient 40 minutes pour le repas de midi puis 50 minutes de récréation avec une reprise des cours à 13 h 30 et cela jusqu'à 18 h ; ensuite une étude, sous surveillance, de 18 h 15 à 19 h 30.

Le dîner était servi à 19 h30.

Le coucher fixé à 20 h 45 (21 h du 15 mai au 15 juillet).

Le Jeudi (à l'époque le jour de repos) :

- Le matin est affecté aux cours
- L'après-midi est consacrée à une promenade surveillée, à l'éducation physique et aux sports.
- L'étude du soir reprend à 16 h 30 pendant l'hiver et à 18 h l'été.

Le Dimanche :

- Lever à 7 h
- Étude surveillée de 8 h à 10 h
- Récréation ou office religieux de 10 à 11 h

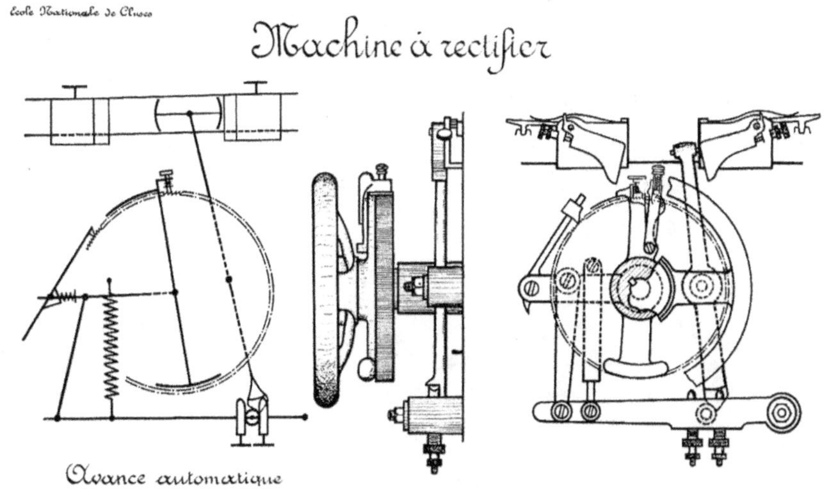

Dessin d'étude de fabrication (atelier de mécanique).

Les élèves qui ont obtenu des notes de travail et de conduite satisfaisantes, peuvent sortir librement en ville et dans les environs immédiats, de 13 à 18 h.

Les autres sont conduits en promenade sous la surveillance d'un maître interne.

Le dessin industriel a toujours été, dans l'école, une des matières les plus étudiées, plusieurs heures par semaine, permettant une compréhension des méthodes de fabrications et de faisabilité des diverses inventions. L'ensemble des élèves participant à l'élaboration des mécaniques ou outillages, apportant leur vision du projet, sous la surveillance bienveillante de leurs professeurs.

Cette intelligence collective a toujours été un des points forts de l'école.

Comme le reste des salles de classe, celle vouée au cours de dessin industriel

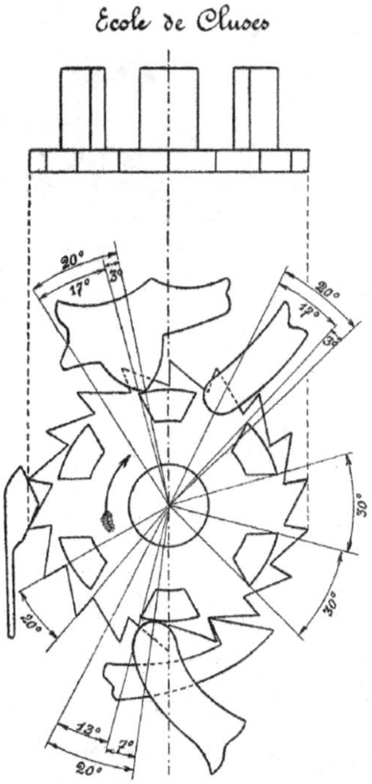

Dessin de la section horlogerie 1re année
Roue à colonnes d'un chronographe.

est très moderne et lumineuse. Les enseignements sont dispensés par un professeur dédié.

Les responsables de l'établissement expliquaient très souvent aux parents l'importance du dessin technique dans l'enseignement de l'école, car souvent ces derniers étaient très étonnés du nombre d'heures consacrées à cette seule discipline :

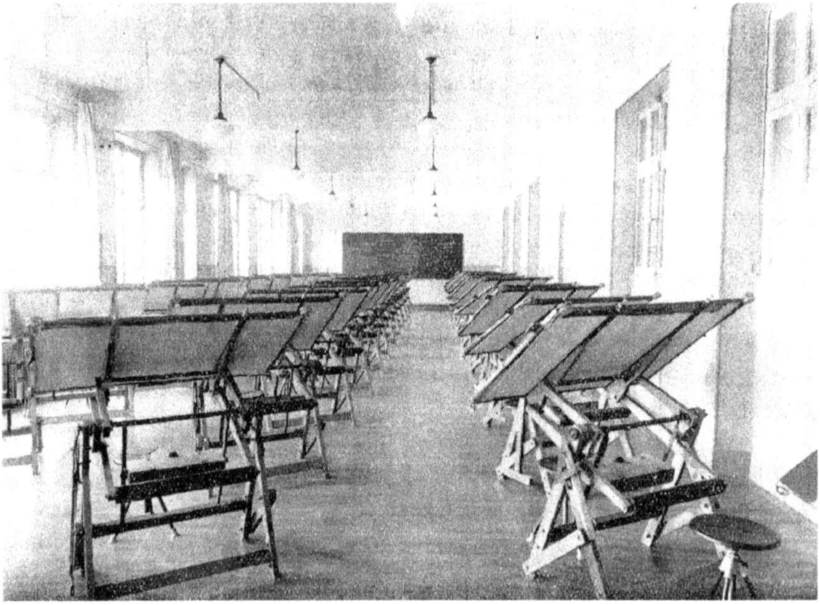

Une des salles de dessin industriel de l'école d'horlogerie

> « Cet enseignement éducatif dans ses méthodes et pratique dans le choix des exercices proposés, habitue les élèves au soin, à l'exactitude, à la précision et à l'habileté manuelle.
> Le programme comprend des dessins à vue, des dessins de mémoire, des dessins dictés, des tracés empruntés aux applications professionnelles.
> Les connaissances acquises en dessin par les élèves leur sont d'un précieux secours pour l'étude minutieuse du fonctionnement des appareils d'horlogerie ».

Le dessin industriel évolue en même temps que les techniques de fabrication, de véritables œuvres d'art au XIXe siècle, les ombres disparaissent laissant la place à des traits et des contours très rectilignes, afin d'être facilement compréhensibles par les ateliers.

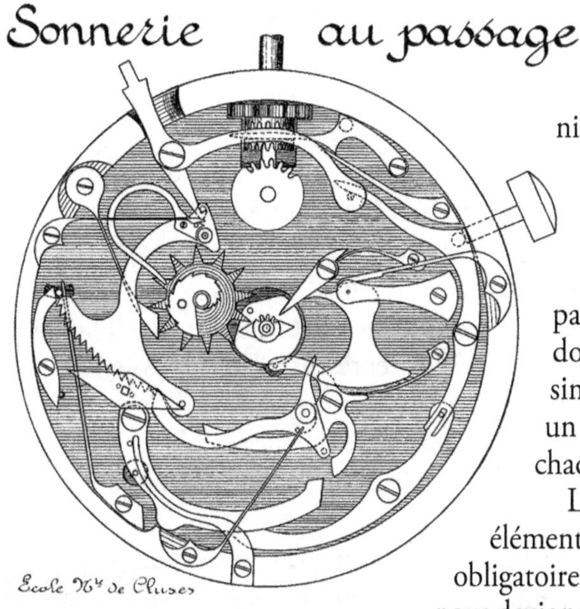

Pour nous, le dessin industriel devient très technique, avec les mêmes normes que l'ensemble des industries, abandonnant complètement les parties artistiques qui donnaient aux dessins une identité et un charme propre à chaque dessinateur.

Dessin d'élève de 3e année, section horlogerie.

Le cartouche est un élément omniprésent et obligatoire sur nos dessins., nous devions prendre l'habitude, pour nos futurs métiers, dans la production horlogère, de rendre le dessin compréhensible par des techniciens, mêmes non familiarisés dans nos domaines de compétence.

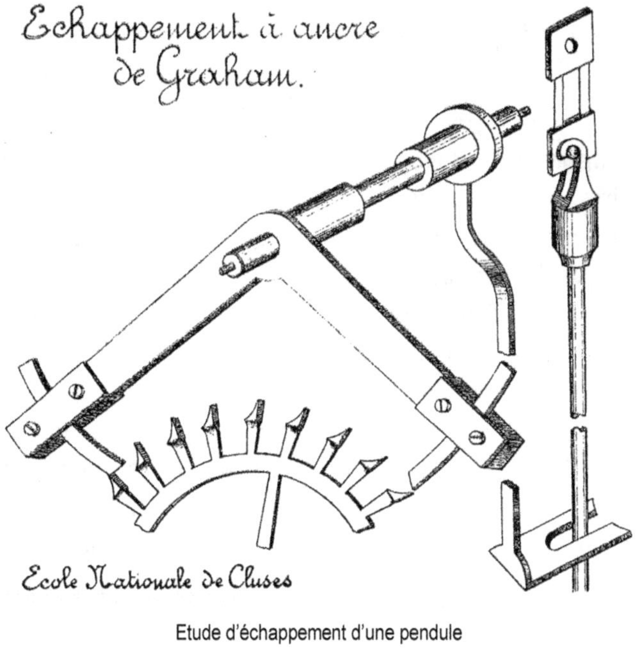

Etude d'échappement d'une pendule

Le cartouche : informations essentielles pour la fabrication

Les informations présentes dans le cartouche :

- Tolérances de fabrication : elles définissent la précision admissible pour les dimensions et les formes de la pièce ;
- Matériaux et leur résistance : ils précisent les matériaux utilisés pour la fabrication de la pièce et leurs caractéristiques mécaniques ;
- Échelle du dessin : elle indique le rapport entre les dimensions réelles de la pièce et celles représentées sur le dessin ;
- Nom et nomenclature de la ou des pièces : ils permettent d'identifier la pièce de manière unique ;
- Nom du dessinateur : il indique la personne qui a réalisé le dessin ;
- Nom de l'entreprise et du brevet le cas échéant : ils permettent d'identifier l'entreprise à l'origine du dessin et le cas échéant, le brevet associé à la pièce ;
- Date de création de l'étude et du dessin : elle permet de situer le dessin dans le temps et de suivre les modifications apportées ;
- Tout détail utile à la fabrication de la pièce : il peut s'agir d'informations complémentaires tels que les traitements de surface, les états de surface, les tolérances géométriques, etc.

Il est important que les informations contenues dans le cartouche soient claires, concises et lisibles.

La norme NF ISO 128-H donne les prescriptions relatives aux cartouches des dessins techniques.

Le cartouche est un élément essentiel du dessin technique qui permet de garantir la qualité et la traçabilité de la fabrication de la pièce.

Les anciens élèves de l'école d'horlogerie bénéficient d'un atout considérable lors de leur recherche d'emploi grâce à leur formation, dont celle de dessin industriel. Cette formation, très polyvalente, est appréciée par les entreprises recruteuses. De nombreux jeunes diplômés intègrent ainsi les ateliers de conception plutôt que ceux de fabrication ou de réparation.

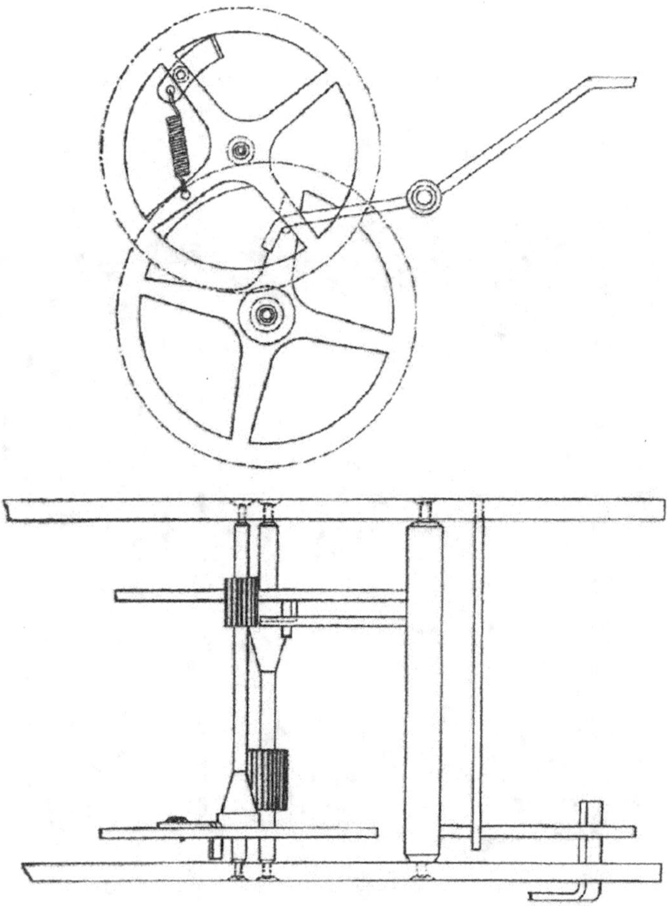

Matiere : Acier (Stub) et Laiton	Eleve : Roy BAIERLEIN	
Echelle : 1/2	Date : 01/1979	
Sonnerie Pendulette	Section Horlogerie 1er année	Lycée Charles Poncet Cluses
		Groupe : 1

Nos humbles dessins, bien loin de nos prestigieux aînés

L'école d'horlogerie : une présence remarquée sur les salons internationaux

L'école d'horlogerie est très activement présente sur les salons internationaux. Ses directeurs successifs ont compris l'importance cruciale de la visibilité de ses formations, en particulier son emplacement géographique éloigné des grandes métropoles.

Exposition Internationale et Urbaine de Lyon en 1914. Travail des élèves en horlogerie.

Lors de l'exposition de Lyon, présentation de l'horloge mère de l'école.

Ainsi, lors de chaque salon, l'école met un point d'honneur à présenter le travail de ses élèves de manière moderne et instructive. De très belles vitrines, conçues spécialement pour l'occasion, permettent de mettre en valeur les réalisations des étudiants et de susciter l'intérêt des visiteurs.

Cette stratégie porte ses fruits :

- L'école attire l'attention des professionnels du secteur horloger et renforce sa réputation d'excellence.
- Elle permet aux étudiants de se faire connaître et de nouer des contacts potentiels pour leur future carrière.
- Elle contribue à promouvoir l'horlogerie et à faire découvrir ce savoir-faire unique au grand public.

Présentation du travail des élèves en mécanique et en électricité.

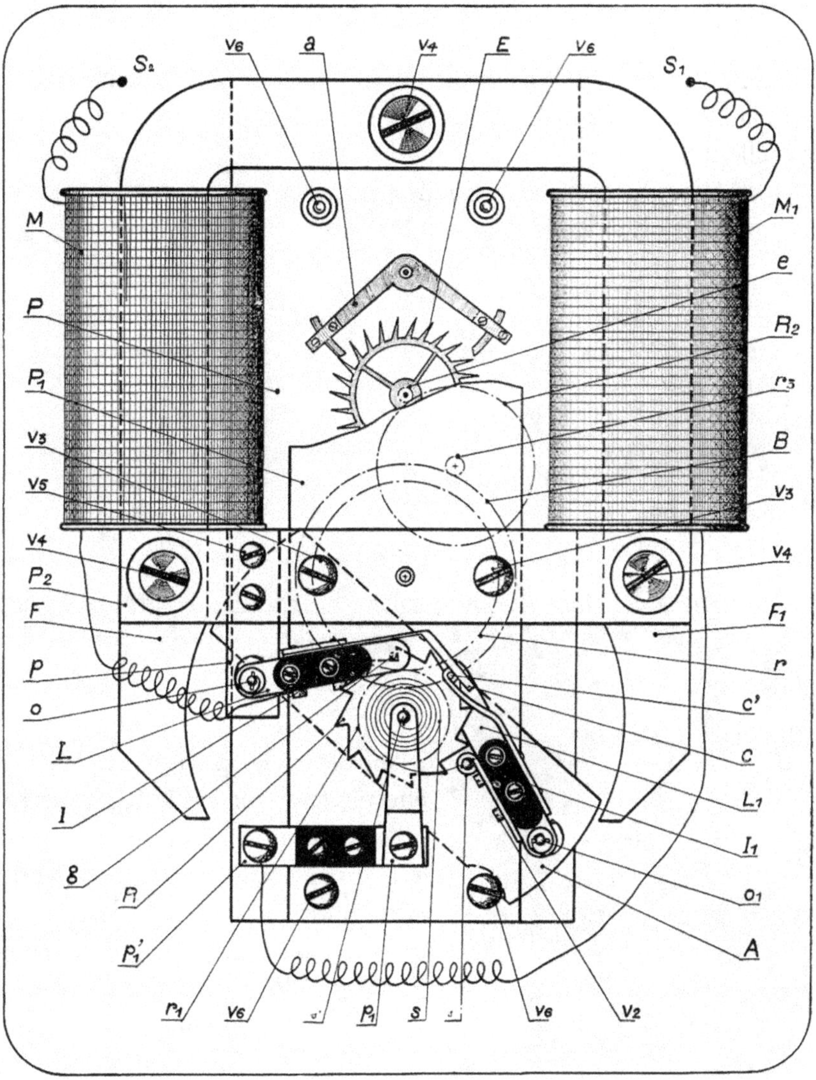

Dessin des cours d'horlogerie électrique

La participation aux salons internationaux est donc un élément essentiel de la stratégie de communication de l'école d'horlogerie. C'est un moyen efficace de faire connaître ses formations et de rayonner à l'international. Elle s'est imposée comme un acteur incontournable des salons internationaux.

Sa présence est toujours, remarquée. Lors de ces événements, l'école témoigne de son dynamisme et de son engagement à promouvoir l'excellence.

Liste des principales expositions auxquelles l'école a participé et les récompenses obtenues :

- Londres, 1851 : Médaille d'honneur de 1re classe
- Paris, 1855 : Médaille de 1re classe
- Turin, 1858 : Médaille d'or
- Paris, 1868 : Médaille de bronze
- Lyon, 1872 : Médaille d'or
- Vienne, 1873 : Médaille de 1re classe, dite de progrès
- Paris, 1878 : Médaille d'or
- Paris, 1881 : Médaille d'argent (Exposition spéciale d'électricité)
- Anvers, 1885 : Diplôme d'honneur avec 2 médailles d'or
- Paris, 1889 : Grand prix
- Chicago, 1893 : Hors concours
- Besançon, 1893 : Hors concours
- Paris, 1900 : Grand prix

Ce palmarès éloquent témoigne du travail remarquable des élèves, guidés par des professeurs d'exception.

Armand Fallières, Président de 1906 à 1913

À l'aube du premier conflit mondiale, l'école est en pleine effervescence car en 1910, pour les 50 ans du rattachement de la Savoie à la France (24 mars 1860), une visite prestigieuse à lieu à l'école : le président de la République Armand Fallières (1841-1931).

En ce 7 septembre 1910, un nouveau chef d'État vient honorer de sa présence cet établissement hors-norme, symbole d'un modernisme en pleine expansion. Le Président se fera présenter l'école dans son ensemble, classe par classe.

Fin de la visite du Président Fallières à Cluses

Cependant, l'enthousiasme initial des Clusiens et des membres du conseil municipal est quelque peu douché. Ils avaient espéré profiter de cette visite pour célébrer ce cinquantenaire du rattachement, incarnant l'amour des Savoyards pour la France. Cette célébration aurait eu lieu autour d'une mairie toute neuve, symbole d'une ville nouvelle puisque reconstruite après l'incendie de 1844.

La mairie construite sur l'ancien site de l'école (le Château Gaillard), au centre du village.

La grande rue principale, elle aussi reconstruite, témoignait de la volonté de la commune de se tourner vers l'avenir, en anticipant déjà l'arrivée d'un nouveau moyen de transport : l'automobile.

La rue principale de Cluses, traversant le village, en 1910.

Le Président Fallières aurait pu découvrir à la mairie de Cluses un système horaire d'une modernité stupéfiante, qui deviendra une norme nationale après la Première Guerre mondiale. Déjà en service dans cette petite commune, ce système reposait sur une horloge publique d'une précision inégalée. En effet, il s'agissait d'une horloge réceptrice recevant des impulsions électriques de l'horloge-mère de l'école d'horlogerie.

Le régulateur principal, conçu à l'école, était quant à lui réglé par des signaux émis par l'observatoire astronomique de Paris tous les premiers et troisièmes dimanches de chaque mois. Cette technologie de pointe, conçue par Charles Poncet, alors professeur (depuis 1892), et ses élèves, fut présentée lors de l'Exposition Universelle de Paris en 1900, suscitant l'admiration des visiteurs.

L'horloge exposée fut ensuite, définitivement installée à l'école d'horlogerie. À partir de février 1902, elle donna l'heure exacte à l'ensemble des classes, équipées de récepteurs reliés à l'horloge-mère de l'école, la réceptrice de la mairie recevant les impulsions électriques par une ligne aérienne de type téléphonique.

La large place, centrale, devant la mairie

En guise de souvenir, le Président reçut des mains du directeur de l'école d'horlogerie, un régulateur de ce même type.

Devant l'efficacité et la précision remarquables du système horaire mis en place à Cluses, les villages voisins de Scionzier et Marnaz ont souhaité en bénéficier également.

Un accord a été conclu avec le directeur de l'école d'horlogerie pour étendre ce système innovant aux deux communes.

Charles Poncet a joué un rôle crucial dans ces diverses modernisations mais surtout dans la transmission sans fil, passion qui lui venait de son premier métier, agent mécanicien des Postes et Télécommunications, travail effectué à Paris après des années passées sur les bancs de l'école d'horlogerie de Cluses, son école, de 1883 à 1886.

Passionné par l'ensemble des technologies, il va suivre de très près la construction de la tour Eiffel qui, finie en 1889, va rapidement servir à la transmission grâce à sa hauteur et les antennes posées sur son sommet.

Charles Poncet a tout de suite compris l'immense potentiel de la TSF (télégraphie sans fil), naissante pour la transmission de signaux horaires, que ce soit pour une ville, une région et même un pays entier, chose compliquée voire impossible à réaliser avec des liaisons filaires.

En octobre 1898, les idées de Charles Poncet prennent forme par la première liaison téléphonique hertzienne entre la Tour Eiffel et le Panthéon, communication établie par Eugène Ducretet.

Cette expérience démontre la viabilité de la TSF pour la transmission d'informations.

Par la suite et malgré le scepticisme de l'armée française, c'est le capitaine Gustave Ferrié, qui continuera le développement de la TSF ; pour lui ce moyen de communication a d'énormes avantages pour l'armée, comme la sécurité, la rapidité ou la discrétion des transmissions de données sensibles.

Arrière de l'école d'horlogerie, vers 1910

En 1903, le capitaine, avec l'aide technique (et financière) d'Eiffel, installera un réseau télégraphique sans fil expérimental sur la Tour Eiffel. Ce réseau est, évidemment, beaucoup plus fiable et sécurisé que les signaux optiques et les pigeons voyageurs, utilisés jusqu'alors par l'armée.

En 1907, la TSF a permis d'établir une liaison radio entre Paris et Bizerte en Tunisie, à une distance de près de 2 000 km. Cinq ans plus tard, des communications transatlantiques deviennent possibles.

Ces succès successifs ont contribué à sauver la Tour Eiffel, car elle était vouée à la destruction comme beaucoup de constructions, issues de l'Exposition Universelle. Mais heureusement, en 1910, la concession de Gustave Eiffel fut prorogée de 70 ans.

Comme l'avait prédit le capitaine Ferrié quelques années auparavant, l'importance des systèmes de communications dans l'armée deviendra encore plus une évidence pendant la Première Guerre mondiale où l'antenne de la tour Eiffel jouera un rôle crucial.

Un des plus grands succès et reconnaissance du système arrivera le 1er juin 1918 : Georges Painvin, un cryptologue de génie, arrivera à intercepter un radiogramme allemand contenant des informations stratégiques. Il put surtout le déchiffrer en 26 heures seulement cela malgré de nouveaux systèmes de codage et le transmettre en toute sécurité aux autorités supérieures françaises.

Ce message, connu sous le nom de « Radiogramme de la Victoire », a permis aux Alliés de déjouer l'attaque allemande sur la Marne. Il s'agissait d'un tournant majeur dans la guerre et a contribué à la victoire finale des Alliés.

L'histoire de l'horlogerie de Cluses est étroitement liée à celle de la Tour Eiffel et de la TSF. Ces technologies ont permis de moderniser le système horaire de la commune et de jouer un rôle crucial dans l'histoire de France.

Les gros œuvres de l'aile perpendiculaire sont finis en 1910. Elle intègre, au rez-de-chaussée, des classes pour les élèves de mécanique en deuxième année.

La France qui connaît une période d'industrialisation croissante doit développer de nouvelles technologies. L'essor de la production de masse nécessite une main-d'œuvre qualifiée et capable de manipuler des machines complexes. L'ouverture de cette annexe avec son équipement moderne s'inscrit donc complètement dans ce contexte de besoin en personnel qualifié pour l'industrie.

L'atelier est équipé d'éclairages électriques et d'établis de dernière génération, ce qui souligne l'accent mis sur la modernité et l'innovation.

La présence de machines-outils de marques réputées comme Ernault, Cazeneuve, Boley, Huré et Unger indique un investissement important dans un équipement de haute qualité et à la pointe de la technologie de l'époque. L'objectif est, encore une

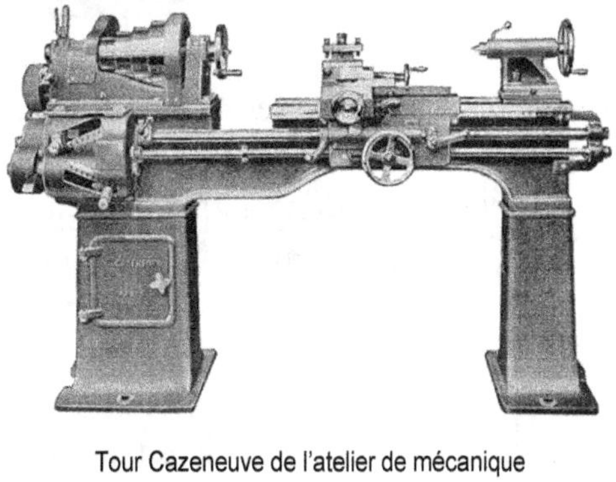

Tour Cazeneuve de l'atelier de mécanique

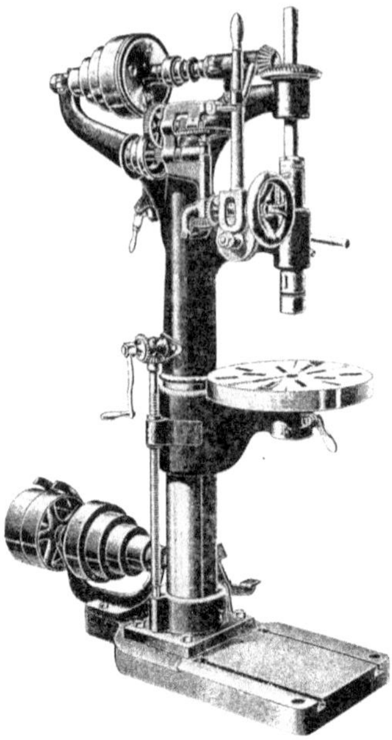

Perceuse à colonne.

fois, de familiariser les élèves avec des machines modernes, ce qui suggère une approche pédagogique axée sur la pratique et l'application concrète des connaissances.

Au premier étage est installé un amphithéâtre et un ensemble de salle recevant les archives et de futures salles de cours.

Le directeur, Charles Poncet, est bien conscient qu'investir dans des technologies modernes n'est pas simplement important, c'est obligatoire pour préparer les élèves aux réalités du monde professionnel.

Ces investissements garantissent aux élèves des compétences dans des technologies qui évoluent très rapidement. L'enseignement se doit de suivre ce rythme pour doter les élèves des compétences activement recherchées par les employeurs.

Classe de mécanique, en 1911

En maîtrisant ces technologies, les élèves augmentent leurs chances de trouver un emploi stable et bien rémunéré, que ce soit au sein d'une entreprise ou en tant qu'indépendant.

Les élèves doivent être également préparés à ces changements et capables de s'adapter aux nouvelles technologies qui émergent.

Pour l'équipe pédagogique, l'achat de cet outillage, est en premier lieu une garantie de miser sur l'avenir de leurs élèves mais aussi dans la prospérité de notre société, notion importante en cette période d'avant-guerre.

L'école de Cluses est tout à fait consciente de l'importance de cette modernisation, mais n'a jamais fait cela au détriment des autres aspects essentiels de l'éducation, tels que les compétences sociales, la pensée critique et la créativité.

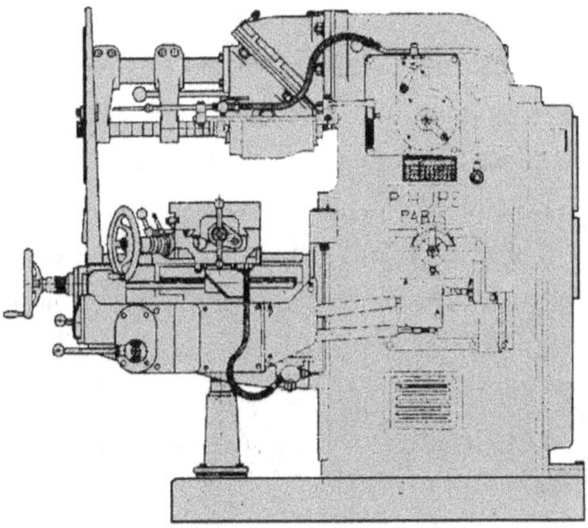

Dessin d'une fraiseuse Huré, issu du mode d'emploi de l'époque.

En 1911, les élèves de deuxième année de la section mécanique, guidés par leur professeur M. Sulzer (1877-1962), ont accompli une véritable prouesse. Grâce à l'outillage exceptionnel de leur atelier, ils ont fabriqué une horloge capable de sonner les heures et les quarts. Cette réalisation témoigne non seulement de l'excellence de l'enseignement technique de l'époque, mais aussi de la compétence et du dévouement de ces jeunes élèves et de leur professeur.

Rentrée de classe en 1912

Présenter cette horloge à l'exposition universelle de Turin était un choix judicieux. Cet événement international était une vitrine pour les dernières innovations technologiques et industrielles.

La présence de l'horloge fabriquée par les élèves a permis de mettre en lumière la qualité de l'enseignement technique et le savoir-faire des jeunes générations à l'école d'horlogerie de Cluses. Cette horloge va fournir, par des réceptrices sur l'ensemble des stands de l'exposition, un système horaire d'une grande précision. Cette même horloge sera mise en place, en démonstration, au premier étage de la mairie un an plus tard, en 1912, prestigieux cadeau de l'école à la commune.

Il est important de souligner que la mise à disposition de locaux modernes et d'un outillage performant témoigne de l'engagement des professeurs et du directeur à fournir aux élèves le meilleur environnement d'apprentissage possible.

Cet engagement permet aux étudiants de développer leurs compétences en dessin industriel et en fabrication, les préparant ainsi à des carrières réussies dans le domaine de l'ingénierie et de la conception.

L'école à l'aube du premier conflit mondial

La demande d'une main-d'œuvre qualifiée est sans cesse croissante et les inscriptions à l'école d'horlogerie de Cluses, progressent de manière importante. Le savoir-faire de l'école en matière d'enseignement technique n'est plus à prouver. Depuis sa création, en 1848, que de chemin parcouru par les directeurs et enseignants successifs et en à peine 60 ans, elle devient une institution incontournable dans les technologies de pointe.

Cet essor est dû à plusieurs facteurs clés :

- La demande croissante d'une main-d'œuvre qualifiée car l'industrie horlogère connaît un élan considérable au début du 20e siècle. La production de masse et la complexification des mécanismes nécessitent une main-d'œuvre qualifiée et spécialisée. L'école de Cluses répond à ce besoin en formant des horlogers compétents, capables de répondre aux exigences de l'industrie.

- Depuis sa création en 1848, l'école d'horlogerie de Cluses a su développer une expertise reconnue dans l'enseignement technique. Les directeurs et enseignants successifs ont su adapter les programmes et les méthodes pédagogiques aux évolutions technologiques de l'horlogerie. Cette capacité d'adaptation a permis à l'école de se maintenir à la pointe de l'innovation.
- L'ouverture d'esprit des dirigeants de l'école, qui ont su diversifier les formations proposées, a permis de répondre aux besoins d'une industrie en constante évolution et de former des professionnels polyvalents.

L'école d'horlogerie devient ainsi, un symbole de l'évolution industrielle de la région, et un acteur incontournable de la formation professionnelle en France.

Bien que le village se soit développé avec la construction de nouvelles habitations et l'implantation de diverses entreprises, l'école

Atelier de montage, à Cluses, vers 1910.

Régulateur conçu par les élèves des classes d'horlogerie et fabriqué par les élèves-mécaniciens

d'horlogerie reste le bâtiment le plus vaste et le plus remarquable de Cluses. Sa présence est une source de fierté pour ceux qui la fréquentent et pour l'ensemble des habitants du village.

À l'instar de l'école d'horlogerie, les ateliers en ville se modernisent eux aussi.

L'arrivée de l'éclairage électrique permet d'allonger, de manière considérable, les heures de travail.

Bien que de nombreuses opérations restent manuelles, les moteurs électriques font leur apparition sur les tours, les machines à arrondir et même les perleuses.

Le chemin de fer, une solution précieuse pour les habitants de Cluses

Malgré l'essor de la voiture et du camion, le chemin de fer a joué un rôle crucial pour les habitants et les professionnels de Cluses. En effet, malgré la faible altitude de la ville, les routes sont souvent difficiles d'accès pendant quelques mois de l'année, ce qui entrave la circulation et la livraison des fabrications clusiennes en France et à l'étranger. De même, l'approvisionnement en matières premières est compliqué.

Le chemin de fer a offert une solution de transport fiable toute l'année, permettant aux habitants de se déplacer facilement et aux élèves d'éviter de longs et périlleux trajets.

Le projet de construction des voies ferrées, du tunnel et de la gare de Cluses a débuté à la fin du XIXe siècle.

La gare de Cluses est mise en service le 1er juin 1903.

L'inauguration de la section et des gares intermédiaires de Saint-Pierre, Bonneville et Marignier, a lieu le 15 juin 1904.

Coincé au fond d'une vallée et bordé par un torrent, Cluses n'était pas naturellement destiné à devenir une destination ferroviaire. Reconstruit après l'incendie de 1844, le village n'avait pas anticipé l'arrivée des trains, d'où la difficulté de construction de la ligne.

Les voies ferrées, une fois construites, allaient couper le village en deux. Cependant, les avantages du transport ferroviaire étaient si importants que la population, malgré les désagréments, accueillit avec enthousiasme ce modernisme tant attendu.

Le génie des ingénieurs des voies ferrées fut nécessaire pour surmonter les défis géographiques et intégrer dans la ville, le réseau ferroviaire.

Le vent, la neige, la pluie, les températures négatives et le brouillard ne seront plus des obstacles pour les transports et la vie des Clusiens. Cluses s'ouvre encore davantage sur le monde et, grâce à une logistique simplifiée, le voyage devient aisé, rapide et financièrement très attractif.

Cette évolution permettra aux entreprises de la petite ville de se développer rapidement, participant à un virage important pour la production mondiale, tant dans le domaine de l'horlogerie que dans celui du décolletage.

L'autre entrée de Cluses : Le passage de la Femme

En suivant la nouvelle voie ferrée, plus loin dans la gorge de l'Arve

La toute neuve gare de Cluses

L'arrivée sur Cluses, longeant la route d'Annemasse

La vue de l'arrière de la gare, avec les voies ferrées

Train entrant en gare de Cluses

Voie ferrée, gare, et l'école d'horlogerie, à gauche

Les lignes électriques et téléphoniques se généralisent, à Cluses

L'église doit prendre du volume dû au nombre croissant de fidèles

Mairie, place et rue d'un village qui devient, petit à petit, une ville

La mairie et juste derrière la caserne des pompiers

Le pont sur l'Arve

L'arrivée du train va permettre à l'école d'horlogerie de prendre une nouvelle envergure. En effet, de nombreux candidats, attirés par une formation hors normes, renonçaient auparavant à s'y inscrire faute de pouvoir se rendre à Cluses par leurs propres moyens.

L'absence d'internat, ajoutée à la difficulté de trouver un logement, constituait un obstacle majeur pour une formation qui pouvait durer de 3 à 4 ans.

Les accès routiers s'améliorent également, l'ancien pont enjambant l'Arve est renforcé, permettant aux véhicules à moteur de pouvoir l'emprunter, le vieux pont de pierres avait été conçu pour un usage piétonnier ou hippomobile, bien trop fragile pour des voitures ou camions.

L'école, dès sa création, s'inscrit dans le mouvement du modernisme et le devance même.

Ainsi de nouvelles constructions sont envisagées, mais un événement tragique va mettre un frein à ce bel élan : la Première Guerre mondiale (1914-1918).

Charles Poncet, directeur de l'école d'horlogerie, ressentait une vague d'appréhension à l'approche de la rentrée de septembre 1914. L'assassinat de l'archiduc François-Ferdinand à Sarajevo, cet événement qui semblait lointain au premier abord, avait déclenché une chaîne de réactions politiques qui menaçaient de plonger l'Europe dans un conflit d'une ampleur inédite.

Doté d'une intuition aiguisée, Poncet avait rapidement compris que cet attentat ne resterait pas sans conséquence. Ses craintes se confirmèrent avec la déclaration de guerre de l'Autriche-Hongrie à la Serbie, suivie de près par l'entrée en guerre de la Russie, puis de l'Allemagne. La France, alliée de la Russie, se retrouva inexorablement entraînée dans ce conflit mondial.

L'école d'horlogerie, paisible havre de savoir et de précision, était sur le point de voir son quotidien bouleversé. Poncet envisageait déjà les transformations profondes que cette guerre allait imposer à l'établissement. Il imaginait les ateliers, habituellement dédiés à l'assemblage de mécanismes délicats, reconvertis en infirmeries sommaires.

Les élèves, apprentis horlogers, pourraient être appelés à servir leur pays ou à apporter leur aide aux blessés.

Dessin de presse, de l'assassinat

Les hôpitaux, débordés par l'afflux de blessés, allaient rapidement manquer de lits. De nombreux bâtiments publics, écoles, collèges et même des châteaux furent réquisitionnés pour accueillir les victimes.

Les salles de classe, les laboratoires et les ateliers allaient être transformés en salles de pansements, en blocs opératoires ou en chambres d'hospitalisation. Les horloges, qui scandaient le temps de l'apprentissage, pourraient bien se muer en instruments de mesure pour les médecins.

Mais c'est sans compter sur le traité de Vienne signé en 1815, qui avait redessiné la carte de l'Europe après les guerres napoléoniennes, accordant à la Savoie un statut particulier : celui de neutralité. Cette décision, fruit de longues négociations entre les grandes puissances, visait à garantir la stabilité de la région et à prévenir de nouveaux conflits. En effet, située à la frontière entre la France, la Suisse et l'Italie, la Savoie constituait un point stratégique, et sa neutralisation était perçue comme un moyen de préserver la paix dans cette partie de l'Europe.

Ce statut de neutralité avait des conséquences directes sur la vie des Savoyards et sur le développement de la région. Il impliquait notamment :

- L'interdiction d'installer des bases militaires : la Savoie ne pouvait héberger de troupes étrangères ni construire de fortifications. Cette mesure visait à empêcher toute militarisation de la région et à préserver son caractère pacifique.
- La limitation des activités militaires : les manœuvres militaires étaient strictement réglementées, et les effectifs militaires présents sur le territoire étaient limités.
- L'interdiction d'installer des hôpitaux militaires : cette clause était particulièrement importante pour l'école d'horlogerie car, en cas de conflit, les bâtiments publics comme les écoles, étaient souvent réquisitionnés pour accueillir les blessés.

Une école au service de la nation

Malgré le décalage de la rentrée scolaire au 29 octobre 1914, l'école d'horlogerie de Cluses ne resta pas inactive face à la tourmente qui secouait l'Europe. Au contraire, elle se mobilisa pour apporter sa contribution à l'effort de guerre, mettant à profit les compétences de ses élèves et de ses professeurs.

Hausse de tir d'artilleur (Coll. C. H. de P.)

Les ateliers de l'école, habituellement dédiés à la fabrication de montres et d'instruments de précision, furent rapidement reconvertis pour répondre aux besoins urgents des armées.

Les élèves et les professeurs, forts de leurs connaissances en mécanique et en métrologie, se lancèrent dans la conception et la fabrication de pièces indispensables à l'industrie de guerre :

- Des retardateurs pour grenades et obus : ces mécanismes délicats permettaient de contrôler le temps de mise à feu des explosifs, offrant ainsi une plus grande flexibilité et sécurité aux artilleurs.
- Des outils de mesure et de fabrication : les horlogers, habitués à travailler avec une extrême précision, fabriquèrent des outils de mesure indispensables à la fabrication d'armes et de munitions.
- Des hausses de tir pour l'artillerie : ces dispositifs mécaniques permettaient de régler la portée des canons, améliorant ainsi la précision des tirs.
- Des montres et des altimètres pour l'aviation : l'aviation militaire, en plein essor, avait besoin d'instruments de navigation précis.

Une formation au service des mutilés

En parallèle à ses activités de production, l'école d'horlogerie décida, en 1915, de créer une section de rééducation professionnelle pour les mutilés de guerre. Cette initiative, pionnière en son genre, visait à permettre aux soldats blessés de retrouver une place dans la société civile en leur offrant une nouvelle formation.

Cette initiative fut rapidement soutenue par le Ministère de la Guerre qui voyait dans cette formation un moyen efficace de réinsérer les anciens combattants dans la vie civile.

Le gouvernement français, confronté à un nombre croissant de mutilés, était à la recherche de solutions pour leur permettre de retrouver une autonomie et une dignité.

L'école d'horlogerie, en proposant une formation adaptée, répondait parfaitement à ces attentes.

L'implication de l'école d'horlogerie de Cluses dans l'effort de guerre a laissé une trace indélébile dans l'histoire de l'établissement.

Photo d'une classe de réinsertion, Cluses ?

Elle a permis de renforcer les liens entre l'école et l'industrie, et de démontrer l'adaptabilité et le savoir-faire des horlogers clusiens.

Initialement, deux classes sont mises à disposition de ces nouveaux élèves : l'une au sein de l'école, l'autre dans l'ancienne usine Crettiez.

Grâce à de nombreux dons en nature et en numéraire, il devient possible de mettre en place des conditions d'apprentissage de plus en plus favorables.

Les salles de classe sont équipées de manière optimale, et les élèves bénéficient d'un hébergement confortable, soit chez l'habitant, soit dans des hôtels.

La famille Carpano fait preuve d'une grande générosité en offrant l'électricité et l'eau potable, contribuant ainsi à améliorer significativement le quotidien des mutilés de guerre.

Afin de maintenir un haut niveau d'enseignement et d'adapter les programmes aux besoins spécifiques des nouveaux élèves, l'école embauche quatre professeurs supplémentaires.

Les formations proposées durent entre 12 et 24 mois et sont adaptées en fonction du degré de handicap : les moins touchés peuvent suivre une formation d'horloger, tandis que les autres se spécialisent dans les métiers d'ouvrier-mécanicien.

L'école s'engage également à aider ses élèves à trouver un emploi à l'issue de leur formation. Grâce à son réseau de partenaires industriels, souvent liés à l'amicale des anciens élèves, elle facilite leur insertion professionnelle.

Cette initiative pionnière suscite un vif intérêt de la part de la Croix-Rouge américaine, qui finance la construction d'un bâtiment spécialement dédié à l'accueil des élèves handicapés.

Situé en rez-de-chaussée pour faciliter l'accès, ce bâtiment, doté d'une petite bâtisse ressemblant à un lieu religieux, est rapidement surnommé « la chapelle » par les étudiants.

Grâce à la générosité de la population, les élèves des formations de réinsertion disposeront d'une quantité importante de pendules et de montres, leur offrant ainsi un terrain d'expérimentation privilégié.

Ces objets, porteurs d'une histoire et d'une technique souvent méconnues, deviendront la matière première d'un projet artistique et thérapeutique unique en son genre.

En associant ces éléments horlogers à des débris d'obus, de douilles ou de baïonnettes, vestiges d'un passé douloureux, les élèves vont donner naissance à des créations originales et surprenantes.

Un obus devient pendule, un éclat de grenade ou des douilles deviennent des porte-montres.

Type de fabrication des ateliers de réinsertion : Pendule-obus (Coll. C. H. de P.)

Les possibilités sont infinies et laisseront libre cours à l'imagination de chacun.

Ces projets permettront aux élèves de surmonter leur handicap en acquérant de nouvelles compétences et en se projetant dans un avenir professionnel.

Au-delà de l'aspect technique, ce projet revêt aussi une dimension profondément thérapeutique car, la manipulation de ces objets, en les transformant et en leur donnant un nouveau sens permet grandement aux élèves de reprendre confiance en eux, de retrouver une estime de soi et de développer un sentiment d'accomplissement.

Le travail en groupe favorise également les échanges, la solidarité et la cohésion sociale.

En créant des œuvres uniques et personnelles, les élèves témoignent, ainsi, de leur capacité à transformer une épreuve en une source d'inspiration.

Leurs créations, exposées lors d'événements publics et vendues afin de financer leurs formations, pourront ainsi être admirées par tous et contribuer à sensibiliser le grand public, généreux, aux enjeux de la réinsertion.

Les travaux d'aménagement et d'installation se déroulent entre 1919 et 1923. Ces années marquent une période de reconstruction et

L'objet horaire devient symbole, en cette fin de guerre

de renouveau pour l'école, qui a payé un lourd tribut à la guerre : 105 anciens élèves et 2 professeurs sont morts au combat.

L'inauguration en 1923 est l'occasion de poser, également, une plaque commémorative dans le hall d'entrée, en hommage à ces disparus.

Dans les années 1920 et 1930, de nombreux projets voient le jour.

L'école, devenue mixte en 1917, connaît une légère augmentation du nombre d'élèves.

Atelier de mécanique dans les années après-guerre (1919/1920)

Les travaux de la conciergerie débutent en 1920, espace obligatoire pour une école moderne.

Terminée quelques années plus tard, elle transforme radicalement l'apparence de l'entrée de l'école, offrant un lieu d'accueil plus fonctionnel pour les élèves, les parents et les visiteurs.

En signe de reconnaissance et de souvenir, la ville de Cluses décide, grâce à une souscription publique, d'ériger un Monument aux Morts devant la mairie. Ce monument, en granit, est inauguré en 1923 en mémoire des 87 soldats originaires de Cluses qui ont perdu la vie pour la France pendant la Première Guerre mondiale. La stèle, ornée des noms de toutes les victimes, est agrémentée de quatre plaques en bronze représentant des scènes emblématiques du conflit : le départ des

Encore qu'un tas de pierres, la conciergerie sort de terre

Prête à renseigner les visiteurs

Le Monument aux Morts, sur la place de la mairie

Fin des travaux d'un bâtiment, ultra moderne, l'internat

Bâtiment dans l'esthétique du 1er édifice de l'école

Les travaux de la cour, avec la "chapelle" sur la gauche

Un réfectoire des plus agréable avec de larges baies vitrées

L'arrière de l'internat

Début des travaux de l'école primaire supérieur (EPS)

Vue des débuts de travaux de l'EPS, de l'autre cotée de la rue

Après le début des travaux, les deux façades, parfaitement alignées

L'école primaire supérieure (EPS) ainsi que les abords.

soldats en août 1914, la résistance face à l'ennemi, l'assaut, et enfin le retour victorieux et la reconnaissance de la nation.

L'année 1926 marque un tournant décisif pour l'école d'horlogerie de Cluses. Sous l'impulsion de son directeur, Charles Poncet, l'établissement entame une profonde mutation. Une campagne de communication dynamique est lancée pour attirer de nouveaux professeurs et élèves, soulignant ainsi l'ambition de l'école. Pour séduire les candidats, l'école modernise en profondeur, encore une fois, ses méthodes pédagogiques avec de nouvelles classes et surtout des machines ultra-modernes et un ensemble important de matériel pédagogique.

Parallèlement à cette dynamique de renouvellement, un projet longtemps attendu voit enfin le jour : la construction d'un internat. Ce projet, évoqué dès 1873, s'avérait indispensable pour le développement de l'école. En effet, l'absence d'un internat freinait considérablement l'attractivité de l'établissement, notamment pour les élèves venant de loin. Grâce à l'appui de l'État, les moyens nécessaires sont débloqués pour acquérir les terrains adjacents à l'école et lancer les travaux.

Le chantier de l'internat démarre rapidement. Un imposant bâtiment, à l'architecture fonctionnelle et moderne, s'élève progressivement derrière le bâtiment principal. Les élèves et les professeurs suivent avec impatience l'avancée des travaux, conscients de l'impact qu'aura cette nouvelle infrastructure sur la vie de l'école.

En janvier 1929, après trois années de travaux intensifs, l'internat ouvre ses portes dans un contexte hivernal rigoureux. Les élèves, jusqu'alors dispersés dans la ville, peuvent enfin bénéficier d'un cadre de vie adapté à leurs études, favorisant ainsi la concentration et les échanges. Le bâtiment, spacieux et lumineux, offre des espaces de vie collectifs et individuels confortables.

Avec ces 250 lits et 300 places de réfectoire, chaque étage étant réservé à une année de promotion, le dernier étage pour les « anciens » de l'école. L'internat n'est évidemment pas mixte, pour les quelques filles, élèves de l'école, la seule solution reste le logement chez l'habitant.

Par contre elles ont accès au réfectoire.

Le réfectoire et les cuisines sont toujours dans la même idée du directeur, ultra-modernes, permettant aux cuisiniers de servir des repas, copieux, à des adolescents, toujours affamés.

Le réfectoire, équipé de tables en marbre et d'un sol carrelé, est conçu pour offrir un cadre hygiénique et agréable aux élèves. Les repas sont copieux et variés, avec un petit-déjeuner complet :

- à midi, un hors-d'œuvre suivi d'un plat de viande accompagné de légume et de fromage ou d'un dessert
- au goûter, un petit pain
- et le soir, un potage avec deux plats aux choix,

Les pensionnaires ont droit également à un tiers de litre de vin par jour.

Le deuxième bâtiment voit le jour avant même que les travaux de l'internat ne soient achevés. Il s'agit de l'école primaire supérieure (EPS), érigée dans le prolongement du bâtiment principal de l'école d'horlogerie, le long de la rue.

Bien que l'EPS soit un établissement communal destiné à dispenser un enseignement général approfondi, elle entretient des liens étroits avec l'école d'horlogerie. En effet, elle constitue un vivier de talents pour l'ENH : les élèves les plus brillants de l'EPS bénéficient d'une préparation spécifique leur permettant d'intégrer par la suite les formations techniques de l'école d'horlogerie.

En bord de la rue principale de Cluses, le bâtiment historique de l'ENH, l'internat en fond et le début des travaux de l'EPS, sur la droite.

Le choix de construire l'EPS à proximité immédiate de l'ENH n'est pas le fruit du hasard. Il répond à plusieurs objectifs :

- La synergie pédagogique car une proximité géographique favorise les échanges entre les deux établissements et permet de mettre en place des projets communs.
- La mutualisation des ressources : les deux écoles peuvent partager certaines infrastructures, ce qui permet de réaliser des économies et d'optimiser l'utilisation des locaux.
- La valorisation du site, la concentration des établissements scolaires sur un même site renforce l'attractivité du quartier et contribue au développement de l'ensemble.

Avec l'ouverture de l'EPS et l'extension de l'internat, le complexe scolaire de Cluses propose désormais une offre de formation très diversifiée. Les jeunes peuvent y suivre des enseignements généraux, techniques ou professionnels.

Au fil des années, l'EPS de Cluses a connu de nombreuses évolutions.

Les programmes scolaires ont été modernisés, les équipements pédagogiques ont été renouvelés et les bâtiments ont été adaptés aux normes actuelles. Malgré ces transformations, l'esprit de l'école a perduré, offrant toujours aux élèves un environnement propice à l'épanouissement personnel et professionnel.

Achevé en 1932, le nouveau bâtiment comprendra également des espaces spécialement aménagés pour les élèves de l'école d'horlogerie. Au rez-de-chaussée, une salle de détente équipée d'un poste de radio permettra aux élèves de se relaxer et de danser sur les musiques à la mode.

Amphithéâtre technologique, encore une idée novatrice de l'ENH

Un espace de réunion, situé au dernier étage, sera dédié aux activités collectives et aux événements.

Parallèlement à la construction du nouveau bâtiment, des travaux seront entrepris pour aménager un terrain de sport et un gymnase. Ces équipements sportifs, qui viendront compléter l'offre existante, permettront aux élèves de pratiquer diverses activités physiques et de renforcer leur santé. Toutefois, il faudra patienter jusqu'en 1936 avant

Dans les années 1930, une salle de cour des 3e année, en section horlogerie

de voir l'arrivée d'un professeur d'éducation physique et sportive, chargé d'organiser et d'encadrer les activités sportives.

La salle est spécialement conçue pour les cours de technologie, couvrant l'ensemble des techniques enseignées à l'École Nationale d'Horlogerie (ENH).

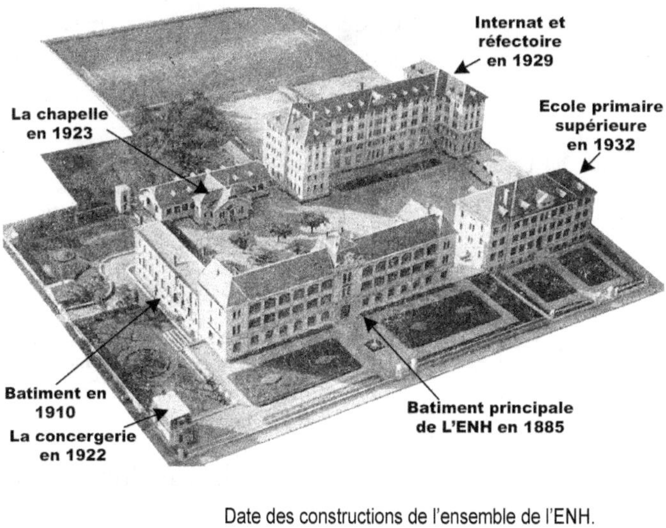

Date des constructions de l'ensemble de l'ENH.

L'accent est mis sur la modernité, avec un enseignement axé sur les nouvelles technologies, souvent, à ce moment, méconnues du grand public.

En combinant cours théoriques et travaux pratiques, l'école forme des techniciens polyvalents, capables de maîtriser un large spectre de compétences techniques.

Cette approche pédagogique avant-gardiste vise à anticiper les besoins futurs du marché et à préparer les étudiants à évoluer dans un environnement professionnel en constante mutation. L'objectif est d'anticiper les évolutions technologiques et de former des professionnels qualifiés pour installer, entretenir et réparer les équipements de pointe.

La dernière année de formation était particulièrement intense, car elle constituait la phase finale de préparation aux examens. Les élèves étaient confrontés à des épreuves théoriques et pratiques qui évaluaient leurs connaissances et leurs compétences dans tous les domaines de la mécanique de précision.

Les épreuves pratiques étaient particulièrement redoutables. Les étudiants devaient notamment démontrer leur capacité à réparer des mouvements de montre volontairement endommagés, à réaliser des assemblages complexes et à respecter des tolérances extrêmement faibles. Ces épreuves simulaient les situations auxquelles ils seraient confrontés dans leur vie professionnelle.

Les diplômes de l'ENH étaient hautement reconnus dans tous les secteurs de la micromécanique et de l'électricité industrielle. Les diplômés étaient très recherchés par les grandes maisons horlogères, les ateliers indépendants ainsi que l'ensemble des entreprises utilisant des technologies de pointe.

L'École Nationale d'Horlogerie de Cluses a joué un rôle essentiel dans la transmission du savoir-faire horloger français. Grâce à la qualité de ses enseignements et à l'exigence de ses diplômes, elle a contribué à maintenir le prestige, entre-autre, de l'horlogerie française à travers le monde.

Les anciens élèves de l'ENH ont souvent occupé des postes à responsabilité dans les plus grandes marques horlogères. Ils ont ainsi contribué à faire évoluer l'horlogerie, en intégrant les dernières innovations technologiques tout en préservant les traditions et le savoir-faire ancestral.

Pour cultiver un esprit d'excellence, il fallait un environnement propice à la réussite, un lieu où les étudiants pouvaient développer leur potentiel grâce à l'engagement sans réserve des enseignants et des directeurs.

L'uniforme, bien plus qu'une simple tenue, était un symbole fort de l'identité de l'école.

Il incarnait les valeurs de tradition, d'excellence et d'appartenance à une communauté.

Les élèves qui le portaient affichaient ainsi leur fierté d'être membre de cette prestigieuse école. Bien que l'obligation d'en porter l'intégralité ait rapidement été abandonnée, la casquette marine, véritable emblème de l'école, est restée longtemps un élément incontournable de la tenue des élèves.

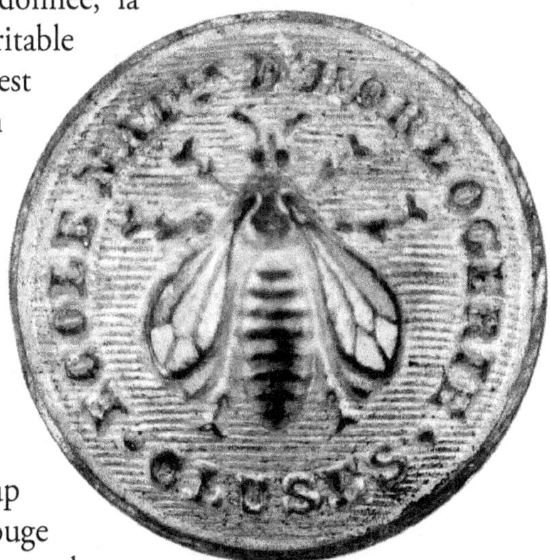

Bouton de la vareuse, avec le symbole de l'école : l'abeille

En 1901, l'uniforme était composé d'une vareuse en drap noir à col chevalier croisé, à double rangée de bouton en cuivre doré, d'un pantalon droit en drap noir, avec une bande rouge sur le côté de 4 centimètres de largeur et d'une casquette noire avec une abeille brodée or, sur le devant.

L'ensemble complet était proposé à la vente dans une boutique locale pour la somme de 45 francs. Un montant non négligeable à une époque où le salaire moyen oscillait entre 60 et 80 francs mensuels. Pour donner une idée du pouvoir d'achat, 12 œufs coûtaient alors 0,50 franc et un litre de vin 0,60 franc, en comparaison, en valeur actuelle, pour 72 h de travail par semaine (288 h par mois) nous serions à 520 euros donc 1,80 euro par heure (les 12 œufs valant environ 3 euros représentant un peu moins de 2 h de travail).

Il n'est donc pas étonnant que l'achat de l'uniforme complet n'ait pas été rendu essentiel.

Néanmoins, certains vêtements étaient obligatoires : deux blouses en toile grise et la casquette.

Ces éléments, ainsi que l'outillage spécifique à chaque année de formation, restaient à la charge des familles. Heureusement, des bourses et des subventions étaient disponibles pour aider les élèves issus de milieux modestes. Bien que ces aides financières ne couvraient pas l'intégralité des frais, elles permettaient à de nombreux jeunes de réaliser leur rêve d'intégrer l'école d'horlogerie, malgré les nombreux sacrifices, nécessaires.

L'École Nationale d'Horlogerie (ENH) entretenait des liens étroits et privilégiés avec un vaste réseau d'entreprises, tant en France qu'à

Ministère
de l'Instruction Publique
& des Beaux Arts

DIRECTION GÉNÉRALE
DE L'ENSEIGNEMENT TECHNIQUE

École Nationale
de Cluses

HORLOGERIE
PETITE MÉCANIQUE
ÉLECTRICITÉ

Téléph. N° 3
Chèques Postaux N° 1639 Lyon

Cluses le 28 novembre 1928.
(Hte-Savoie)

Messieurs les Fils de G. PACCARD
Fondérie de cloches
ANNECY-le-VIEUX
(Hte-Savoie)

Messieurs,

J'ai bien reçu les 4 cloches que vous m'avez envoyées. L'une d'elles a 20 c/m de hauteur environ au lieu de 15 c/m: nous pourrons l'utiliser mais il nous en faudrait encore une de 15 c/m de hauteur, comme les trois autres .

Vous m'obligeriez beaucoup en nous fournissant cette 5e cloche dès que possible.

Veuillez agréer, Messieurs, mes salutations empressées.

P. Le Directeur de l'Ecole,

Commande de l'école

l'international. Ces relations, tissées au fil des années, étaient le fruit d'une collaboration active entre l'école et les industriels du secteur. Elles garantissaient aux étudiants une insertion professionnelle facilitée et aux entreprises un accès à un vivier de talents hautement qualifiés.

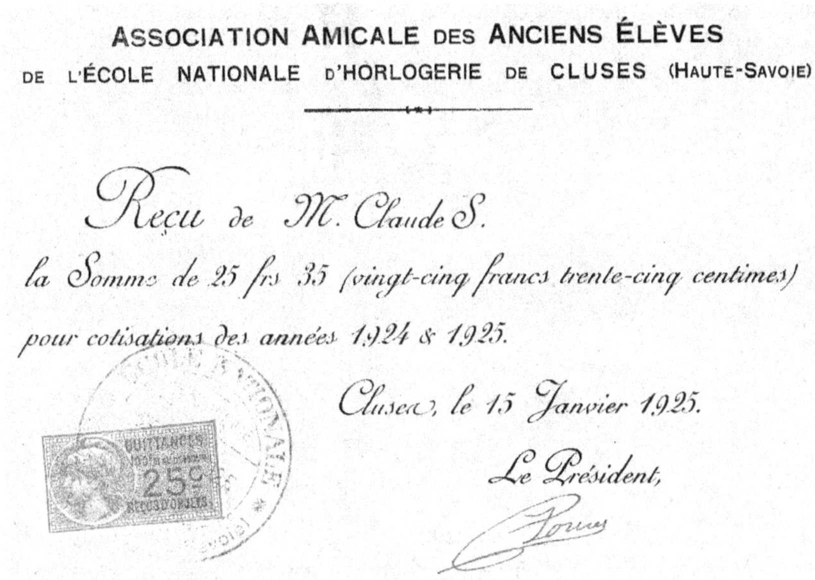
ASSOCIATION AMICALE DES ANCIENS ÉLÈVES
DE L'ÉCOLE NATIONALE D'HORLOGERIE DE CLUSES (HAUTE-SAVOIE)

Reçu de M. Claude S.
la Somme de 25 frs 35 (vingt-cinq francs trente-cinq centimes)
pour cotisations des années 1924 & 1925.

Cluses, le 15 Janvier 1925.

Le Président,

L'amicale, lien important entre l'école et les entreprises.

Face à l'afflux croissant de touristes et à l'essor économique de la ville, la création d'un guide officiel s'impose. Cluses, qui était autrefois un village essentiellement agricole, s'est modernisée à grande vitesse grâce aux infrastructures nouvelles (train, électricité, téléphone) et à l'implantation d'entreprises innovantes, favorisée par l'École Nationale d'Horlogerie. Cette dernière a fourni à la région une main-d'œuvre qualifiée, prête à relever les défis de l'industrie moderne.

Couverture du guide officiel de Cluses dans les années 1930

Un tissu industriel important s'est développé dans la vallée, composé d'entreprises variées. Si l'horlogerie et la mécanique de précision ont longtemps été des piliers de cette industrie, d'autres secteurs ont progressivement gagné en importance, notamment le décolletage.

Publicité d'une entreprise clusienne historique, en Horlogerie et Décolletage

Le slogan de l'entreprise aurait pu être : *De la tradition horlogère au décolletage de précision : Carpano & Pons, l'innovation au service de l'industrie.*

Originaire du Piémont italien, Louis Carpano (1823-1919) est né à Val di Mosso, près de Biella et décèdera à Turin, à 95 ans. Il s'est rapidement imposé comme une figure majeure de l'industrie française du XIXe siècle. Après avoir suivi une formation d'horloger à Cluses, il a perfectionné ses compétences en Suisse, chez le prestigieux horloger Patek Philippe. De retour en France, Carpano a su allier tradition horlogère et innovation industrielle.

En 1869, il s'associe à Henri Jaccottet pour moderniser une usine d'étirage d'acier à Cluses, introduisant des machines-outils de pointe et des méthodes de production optimisées.

Cette collaboration a permis de développer une production de précision, essentielle tant pour l'horlogerie que pour les industries émergentes.

Parallèlement à ses activités dans le domaine de la mécanique de précision, Carpano a été un pionnier de l'hydroélectricité.

En 1893, il a équipé son usine d'une turbine de 500 chevaux, lui permettant de produire de l'électricité.

Usine Carpano avec sur l'Arve, la centrale hydroélectrique

Cette initiative novatrice a non seulement assuré l'autonomie énergétique de son entreprise, mais a également contribué à électrifier la ville de Cluses.

Barrage sur l'Arve et l'usine Carpano et Pons, au premier plan.

Grâce à son esprit d'entreprise et à son sens de l'innovation, Louis Carpano a laissé une empreinte indélébile dans l'industrie française. Ses réalisations dans les domaines de l'horlogerie, du décolletage et

Publicité de 1935, montrant des bâtiments qui ne seront jamais construits.

de l'hydroélectricité ont fait de lui un précurseur, anticipant les défis industriels du XXe siècle.

En 1927, Carpano devient Carpano & Pons et marque un tournant en se diversifiant dans de nouveaux secteurs. C'est ainsi que naissent des innovations majeures comme le moulinet de pêche Mitchell et le premier lève-store électrique Somfy. Au plus fort de son expansion, dans les années 1960, le groupe s'impose comme un acteur industriel incontournable, employant plus de 2 000 personnes sur 9 sites et devenant le premier employeur de Cluses.

Si la fin des années 1980 marque la fin du chapitre Carpano & Pons avec la chute du groupe, l'empire Carpano laisse à Cluses de nombreuses empreintes comme l'espace Carpano & Pons qui accueille depuis 1993 le Musée de l'Horlogerie et du Décolletage, les archives municipales et l'Office du tourisme.

Le décolletage est un procédé de fabrication qui consiste à usiner des pièces cylindriques (vis, écrous, axes, etc.) en enlevant de la matière d'une barre métallique à l'aide d'un outil coupant.

Ce processus, souvent réalisé sur des tours automatiques (décolleteuse), permet d'obtenir des pièces de haute précision en grande série.

Les pièces obtenues par décolletage subissent généralement des traitements complémentaires (traitements thermiques, traitements de surface) avant d'être assemblées dans des produits finis.

Ces pièces sont utilisées dans de nombreux secteurs industriels : horlogerie, automobile, aéronautique, etc.

C'est en 1914, à Moutier, que Tornos révolutionne l'industrie de l'usinage en introduisant le tour automatique à poupée mobile. Cette innovation majeure ouvre la voie à de nouvelles possibilités en matière de précision et de productivité, positionnant d'emblée l'entreprise comme un pionnier dans ce domaine. Tornos ne se contente pas d'être un simple fabricant de machines-outils, elle devient un véritable

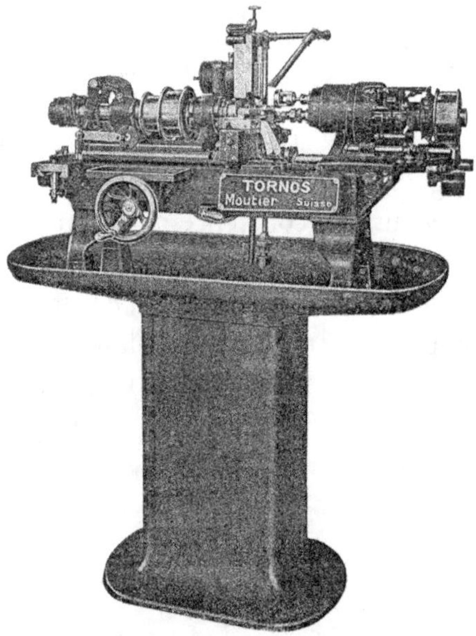

Une des premières décolleteuses.

Classe d'appareillage en 1938

moteur de l'innovation, façonnant ainsi l'avenir de l'industrie manufacturière.

Depuis toujours soucieuse d'offrir un environnement d'apprentissage optimal, l'école a toujours privilégié des espaces clairs, aérés et baignés de lumière naturelle. La fin des travaux permet d'aménager les extérieurs en cohérence avec cette philosophie. Néanmoins, l'évolution de l'école et son intégration progressive dans le tissu urbain posent de nouveaux défis. Il devient en effet plus difficile de préserver un cadre propice à la concentration, loin du tumulte de la ville.

Depuis la succession de Charles Poncet par Maurice Guyot, nommé par le ministère – une première pour l'ENH –, ce dernier a poursuivi l'œuvre de son prestigieux prédécesseur. Il a notamment développé de nouveaux programmes de formation et surtout une nouvelle section dédiée à l'appareillage et la micro-mécanique qui va ouvrir ses portes en 1938.

Pèse-lettre utilisant diverses matières et traitements de surface, réalisé par mon épouse en 1980

Afin de faire face à une demande croissante en conception, fabrication, maintenance et réparation d'appareils de petite taille à composantes mécaniques, électriques, pneumatiques ou hydrauliques (hors horlogerie), cette formation pluridisciplinaire permettra aux étudiants de maîtriser l'ensemble du cycle de vie d'un produit, du prototypage à la production en série.

Elle comblera ainsi le fossé entre l'horlogerie et la mécanique traditionnelle.

Les enseignants, véritables polyvalents, maîtrisant un large spectre de technologies, suivent régulièrement des formations continues en entreprise pour rester à la pointe de l'innovation. Ils transmettent ainsi à leurs étudiants des compétences uniques, faisant de cette section un pôle d'excellence au sein du paysage éducatif professionnel.

Les appareilleurs et micro-mécaniciens maîtrisent l'ensemble de la chaîne de création, de la conception de mécanismes simples aux systèmes les plus complexes. Ils réalisent des prototypes, élaborent des plans détaillés, effectuent des études de faisabilité, définissent les normes d'utilisation et estiment les coûts de production, le tout à destination des industriels.

Moteur pneumatique usiné, également, par mon épouse, en 1980

Cet apprentissage complet, comme le propose traditionnellement l'ENH, garantit un emploi immédiat à l'issue de l'examen, tout en ouvrant la voie à des poursuites d'études en ingénierie.

En cette période d'avant-guerre, le secteur horloger, tout comme d'autres industries, cherchait à renforcer ses compétences. C'est dans ce contexte, qu'une section supérieure de techniciens en mécanique horlogère vit le jour.

Soutenue par l'Institut de Chronométrie de Besançon, cette formation complémentaire offrait aux élèves les plus prometteurs, la possibilité d'acquérir un niveau d'études d'ingénieur, les préparant ainsi à occuper des postes de cadres au sein des entreprises horlogères et autres.

La guerre déclarée au mois de septembre (2 septembre 1939) va fortement perturber la rentrée des classes de l'ENH, beaucoup d'élèves, de professeurs et de surveillant sont absents ce 9 octobre.

L'établissement s'efforce de maintenir un fonctionnement normal malgré ces difficultés.

Certains élèves de deuxième et troisième année, particulièrement investis, sont même chargés d'assurer des fonctions de surveillance.

Face à une pénurie croissante de main-d'œuvre qualifiée, une section de formation accélérée est mise en place dès février 1939. L'objectif est de former rapidement des ouvriers et ouvrières capables d'utiliser les machines-outils et les appareils de mesures nécessaires à l'effort de guerre, dans l'industrie.

En raison de l'avancement de la fin de l'année scolaire à mi-juin, il a été impossible pour l'ENH d'organiser des examens traditionnels. Les élèves seront évalués en continu tout au long de l'année, et leur réussite sera déterminée sur la base de leurs notes.

Zone occupée et libre, après la signature, de l'armistice.

Immédiatement après la signature de l'armistice du 22 juin 1940, la France est scindée en deux zones. Tandis que Cluses se trouve en zone libre, Besançon est occupée.

Afin de poursuivre leurs études, quelques élèves des écoles d'horlogerie de Morteau et de Besançon rejoignent l'école de Cluses à la rentrée de 1940.

Bien que la guerre ait officiellement cessé, l'année scolaire s'annonce difficile.

Buste, en bronze, d'Achille Hubert Benoit

Malgré un effectif quasi complet, les échanges entre les zones occupée et libre sont fortement restreints, voire impossibles.

En décembre, souffrant de malnutrition chronique et confrontés à des conditions d'étude dégradées, notamment l'absence de chauffage, les élèves de l'ENH voient leur situation se détériorer.

Exaspérés, ils organisent le 1er décembre une manifestation dans le centre-ville de Cluses, un acte de protestation sans précédent qui alarme les autorités aussi bien civiles qu'académiques.

Les meneurs de cette action sont rapidement exclus, parmi eux plusieurs élèves originaires de Besançon, moins familiarisés avec le règlement intérieur, strict, de l'école d'horlogerie.

La pénurie de métaux, notamment le fer, l'acier et le bronze, frappe la France.

Les autorités procèdent alors à la réquisition de statues et de monuments afin de récupérer les métaux nécessaires à l'effort de guerre.

Les descendants du premier directeur de l'école d'horlogerie proposent de fournir une quantité équivalente de métal brut en échange de la préservation du buste, symbole fort de l'école.

En 1904, l'auteur du buste, M. Soulès, a indiqué dans le bulletin des anciens élèves qu'il était en mesure de fournir des copies en plâtre du buste de M. Benoit, au prix de 15 francs.

L'année scolaire 1941-1942, déjà marquée par les difficultés de la guerre, est assombrie par le décès de Charles Poncet, figure emblématique de l'École Nationale d'Horlogerie (ENH). Il avait lui-même fréquenté l'ENH de 1883 à 1886.

Après son service militaire et un passage aux Postes et Télégraphes à Paris, il est revenu en Haute-Savoie en 1892 et est nommé sous-chef d'atelier, avec comme mission de créer à l'école d'horlogerie une section de petite mécanique et bien sûr d'électricité, sa passion. Il a joué un rôle déterminant dans le développement de ces nouvelles disciplines au sein de l'école, anticipant son impact révolutionnaire sur les technologies de l'époque.

Échappement (d'après Rozé) de démonstration fabriqué par les élèves de l'ENH sous la direction de Charles Poncet, en 1902, pour l'École Polytechnique de Paris

Il est nommé directeur, sur proposition de Jean Lavaivre, en 1905.

Et quel directeur ! Avec Achille Benoit, ils seront les deux administrateurs qui auront fait de l'école une institution d'excellence. Déjà, par le nombre d'années à la tête de l'école : 41 ans pour le premier et 29 ans pour le second.

Les directeurs qui leur ont succédé ont, en moyenne, exercé leurs fonctions entre 5 et 10 ans, une durée déjà conséquente compte tenu de l'exigence de la tâche et des relations humaines complexes au sein d'un établissement de la sorte.

La phrase fétiche de Charles Poncet, 'qui n'avance pas, recule', résume parfaitement l'esprit du projet que le nouveau directeur souhaite mettre en œuvre pour l'école.

Il était à la fois professeur, enseignant les trois disciplines fondamentales de l'horlogerie, de la mécanique et de l'électricité, et directeur de l'école. En parallèle de ses fonctions administratives et pédagogiques, il était un auteur prolifique et un inventeur de talent, concevant des mécanismes aussi variés que des horloges-mère ou des retardateurs d'obus.

Son ombre plane toujours sur l'ensemble des bâtiments. Sa vision, si moderne pour l'époque, me donnait l'impression, dans les années 1980, qu'il allait surgir à tout moment, ouvrir la porte de notre classe-atelier et nous rappeler avec sa rigueur l'importance de la perfection, valeur qu'il incarnait à merveille.

En signe de respect, le convoi funèbre, parti d'Arâche, son village natal, a fait un détour par l'établissement qui porte son nom depuis 1965, avant de rejoindre sa dernière demeure au cimetière de Cluses.

Le 11 novembre 1942, suite à l'opération Torch et en représailles, les Allemands et les Italiens envahissent la zone libre de la France. Cluses tombe sous l'occupation italienne.

L'Hôtel Central, réquisitionné par les forces d'occupation, permet à l'école d'échapper à une occupation directe et de poursuivre son activité de manière relativement normale.

Cependant, face à la montée de la Résistance, les Italiens sont rapidement remplacés par les Allemands en octobre 1943. Plus de 200 soldats allemands s'installent dans les dortoirs de l'école, transformant l'établissement en caserne. Le directeur, contraint d'aménager un dortoir de fortune dans le bâtiment de l'EPS, doit faire face à des ten-

La cour intérieure de l'école, en 1944.

sions croissantes entre les élèves et les occupants. Ces incidents répétés conduisent à son remplacement en 1944.

Une des nombreuses maquettes de la future affiche du centenaire

M. Deville, nouveau directeur, hérite d'une situation extrêmement délicate. Il doit non seulement maintenir un semblant d'ordre parmi les élèves, mais aussi composer avec les Allemands qui considèrent les élèves comme des otages. C'est dans ce contexte difficile qu'il organise, en juin 1944, l'évacuation des élèves restants. Les Allemands occupent alors entièrement l'établissement jusqu'à sa libération le 18 août 1944.

À la fin de la guerre, Henri Braille a repris la direction de l'école.

De nombreux travaux étaient nécessaires pour remettre en état

Une partie des élèves, des professeurs et le directeur, M. Braille (Promo 45-48).

l'établissement, fortement endommagé par l'occupation militaire et les combats. Un événement majeur était toutefois attendu : le centenaire de l'école en 1948. Les idées fusent de toute part pour rendre cet anniversaire inoubliable. Les enseignants et les élèves, particulièrement la promotion 1945-1948, dite du centenaire, ont déployé beaucoup d'énergie pour organiser des célébrations inoubliables.

L'ENH, confia à Lucien Bazor, (1889 – 1974), médailleur français renommé, l'édition d'une médaille pour le centenaire. Le cahier des charges imposait le portrait de Charles Poncet sur une face, et de l'autre, une vue générale de l'école, d'après une photographie aérienne de l'époque.

D'abord formé par son père, Albert Bazor, graveur, il perfectionne son art à l'École des Beaux-Arts de Paris sous la tutelle d'Henri Patey.

Lauréat du Grand Prix de Rome en gravure de médaille, en 1923, il succède à son maître Henri Patey en tant que graveur général des Monnaies de 1930 à 1958.

Durant cette période, il signe de nombreuses pièces monétaires, apposant tour à tour les signatures : L.Bazor (Lucien), G.B.Bazor (George Bernard) ou parfois G.B.L.Bazor (Georges Bernard Lucien).

Face avant : Charles Poncet et la signature G. B. Bazor (Coll. C. H. de P.)

Face arrière : L'école avec l'ensemble des bâtiments en 1946.

Vue aérienne ayant inspiré la création de la médaille

M. Bazor est particulièrement connu pour avoir conçu la pièce de 5 francs en 1933, communément appelée «Bedoucette». Frappée d'urgence pour remplacer les billets de 5 francs retirés de la circulation, cette pièce de nickel, au module réduit, fut produite en masse mais rapidement remplacée par la pièce de Lavrillier, jugée plus esthétique.

La façade avec l'horloge du centenaire.

Par ailleurs, Bazor a gravé la pièce d'or de 100 francs en 1935 et 1937, une pièce rarissime aujourd'hui en raison de sa faible mise en circulation.

Sous le régime de Vichy, Bazor a réalisé plusieurs pièces, notamment celles à l'effigie de Pétain, contribuant ainsi, malgré lui, à une période sombre de l'histoire monétaire française.

La médaille du centenaire de l'ENH présente un diamètre imposant de 49,5 millimètres pour une épaisseur de 6 millimètres, soit un poids total de 74 grammes. Ces dimensions généreuses reflètent l'importance des symboles qu'elle porte : un directeur emblématique, un ensemble architectural remarquable et un siècle d'histoire.

D'autres travaux, beaucoup plus visibles, furent réalisés, comme une énorme horloge sur le bâtiment principal, au-dessus de l'entrée.

L'effervescence gagne autant l'ENH que la ville de Cluses, en pleine préparation du centenaire. Un programme riche et détaillé a été établi pour marquer cet événement. Au printemps 1948, les derniers ajustements sont effectués, sans pour autant négliger les activités pédagogiques et les examens de fin d'année.

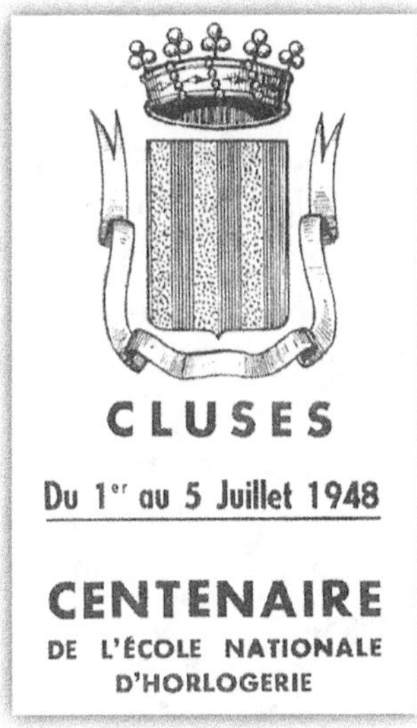

Affichette pour le centenaire

Cinq jours de fête à l'école et en ville avec des vins d'honneur, des concerts, des défilés, des soirées artistiques au cinéma Rex, organisées par les élèves et anciens élèves de l'école.

Vendredi 2 juillet : journée importante car le Ministre de l'enseignement technique est reçu à Cluses au son de la Marseillaise. Après les honneurs militaires, le cortège se dirige vers l'école pour la présentation du Comité du Centenaire et l'ensemble du personnel de l'ENH.

Vers 9 h 15 : inauguration de la plaque à la mémoire des anciens élèves morts pour la France de 1939 à 1945.

9 h 40 : Visite officielle de l'exposition des travaux d'élèves

10 h : Visite officielle de l'ENH

11 h : Vin d'honneur offert par la municipalité avec présentation du Conseil Municipal, des conseillers généraux, des parlementaires, des présidents de section de l'Amicale des Anciens Élèves.

11 h 30 : Départ du cortège officiel sous les honneurs militaires.

L'après-midi sera plus professionnel :

14 h 30 : première réunion des délégués de la Fédération des Chambres syndicales d'Horlogers Bijoutiers détaillants. Formation d'un cortège qui se rendra en pèlerinage sur les tombes des anciens directeurs et professeurs inhumés au cimetière de Cluses avec un dépôt de gerbes, puis retour à l'école pour la visite du bâtiment de la section de rééducation des Mutilés de la guerre 1914 -1918.

15 h : visite officielle de l'école par le groupement des Jeunes Patrons puis départ pour St-Sigismond où sera inaugurée une plaque à la mémoire de Claude Ballaloud, qui introduisit l'horlogerie en Haute-Savoie sous la présidence de M. le Sous-Préfet. Vin d'honneur offert par la municipalité et retour par Arâches (village de naissance de M. Charles Poncet)

Les festivités officielles achevées, un défilé des Trompettes clusiennes animera les rues de la ville.

La soirée se clôturera par un spectacle artistique au cinéma Rex, offert par les élèves et anciens élèves de l'école.

Ce week-end restera à jamais gravé dans les mémoires, tant celles des Clusiens que celles des anciens élèves. Même les générations suivantes n'ont pas manqué d'entendre les récits enthousiastes de

Cendrier du centenaire, en aluminium (Coll. C. H. de P.).

cet événement exceptionnel.

Après les festivités, le calme revient à l'école. Pourtant, un nouveau changement de nom est opéré : l'établissement, précédemment dénommé École Nationale d'Horlogerie, de Petite Mécanique et d'Appareillage depuis 1938, devient École Nationale Professionnelle d'Horlogerie.

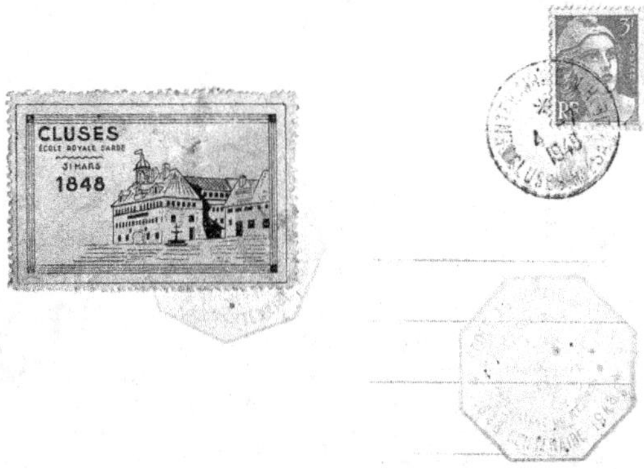

Un timbre sera édité, tamponné par la poste (Coll. C. H. de P.)

Cependant, l'imminence puis le déclenchement de la guerre bouleversent profondément le paysage de la formation professionnelle. L'ENPH se voit alors contrainte de s'adapter à de nouvelles exigences, notamment à une uniformisation des méthodes pédagogiques à l'échelle nationale, réduisant ainsi son autonomie.

Depuis la fin des travaux en 1929, les arbres ont poussé et ont transformé la cour en un havre de paix où les élèves aiment se reposer entre deux cours.

La cour et l'internat en 1950.

Début de la nouvelle construction, derrière la chapelle et de l'internat

Entre 1950 et 1960, l'ENPH a connu une évolution marquée par la modernisation de ses infrastructures : Construction d'un nouveau bâtiment, amélioration des salles de cours, aménagement de nouveaux espaces et acquisition de machines-outils plus performantes en adéquation avec les avancées technologiques.

L'ordonnance Berthoin de 1959 a fixé l'âge de la fin de la scolarité obligatoire à 16 ans, à compter de 1959. Cette réforme ambitieuse a nécessité un délai d'adaptation des établissements scolaires.

Le dernier bâtiment en fin de construction

C'est pourquoi son application complète s'est étalée sur huit ans, jusqu'en 1967, afin de faire face à l'afflux massif d'élèves. L'accroissement des techniques enseignées et de la population étudiante nécessite une augmentation importante des surfaces de classe.

L'inauguration de ce bâtiment, comprenant des salles de cours et des ateliers, a eu lieu en 1955.

L'ordonnance sonnera le glas de l'École nationale professionnelle d'horlogerie (ENPH) telle qu'elle existait jusqu'alors, en remettant en question son modèle pédagogique, ses relations avec le monde professionnel et, plus largement, sa raison d'être.

À tel point qu'une deuxième entité va voir le jour, à quelques centaines de mètres de la vénérable école, avec ses propres classes et son internat.

Pour notre part, dans les années 1970-80, nous logions dans l'internat et prenions nos repas au CES mais nous avions nos classes de cour à l'ex ENPH, devenu en 1965 le Lycée Charles Poncet.

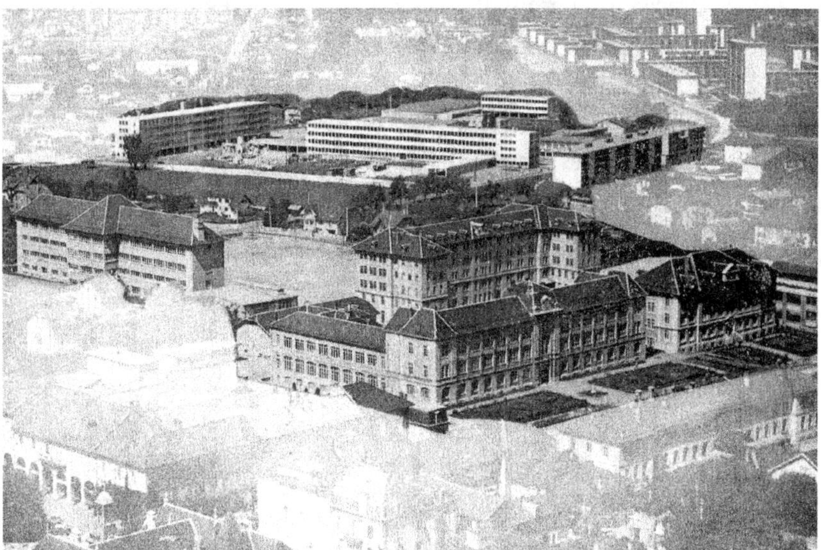

L'ensemble des bâtiments, en 1969, avec en haut le C.E.T. et le C.E.S. (Photo de M. Combier).

La montée en puissance du quartz à partir des années 1960, principalement fabriqué en Asie, a profondément transformé le secteur horloger.

Les réparations se sont simplifiées, réduites souvent à des remplacements de piles ou de mouvements entiers.

Conséquence directe : la formation traditionnelle à l'horlogerie mécanique, plus complexe et longue, a vu son intérêt diminuer.

Malgré tout cela, les formations en horlogerie et en mécanique, dispensées à l'école confèrent aux diplômés un ensemble de compétences techniques et personnelles hautement valorisées sur le marché du travail.

Maîtrise technique et précision

- Dessin industriel : une expertise essentielle dans l'horlogerie, mais également recherchée dans des secteurs comme l'aéronautique, l'automobile ou la mécanique de précision.
- Polyvalence : les horlogers et micro-mécaniciens maîtrisent un large éventail de techniques, de la conception à la fabrication, leur permettant de s'adapter à divers projets.
- Précision et rigueur : ces qualités, inhérentes à ces métiers, sont des atouts indéniables dans des domaines exigeant une grande minutie.

Qualités personnelles et professionnelles

- Esprit d'équipe : la collaboration est au cœur de nombreux projets horlogers, développant ainsi un sens aigu du travail en équipe chez les diplômés.
- Créativité : les horlogers sont souvent amenés à trouver des solutions innovantes, stimulant leur créativité.

Perspectives professionnelles

Les compétences acquises ouvrent de nombreuses portes aux diplômés :

- Industrie horlogère : intégration dans les ateliers de conception ou de production des grandes marques.
- Entreprenariat : création de leur propre entreprise pour concevoir, fabriquer ou réparer des garde-temps et petites mécaniques.

Classe d'horlogerie en 1968, une petite formation de 10 élèves

salle ultra-équipée pour l'apprentissage de la micromécanique, en 1968

Une nouvelle technologie complète la formation clusienne : L'automatisme.

- Autres secteurs : la mécanique de précision, l'aéronautique, l'automobile, la marine, l'armée, la téléphonie, l'électricité et bien d'autres domaines recrutent des profils avec une formation en horlogerie.

En conclusion, les diplômés clusiens sont des profils polyvalents, dotés de compétences techniques solides et d'un savoir-faire reconnu. Leur capacité à allier tradition et innovation en fait des collaborateurs précieux pour de nombreuses entreprises à la recherche de talents capables de relever les défis technologiques de demain.

L'institution, riche de son histoire, forme aujourd'hui une jeunesse passionnée par les nouvelles technologies tout en préservant les traditions horlogères.

Bien que la formation initiale à l'horlogerie ait cessé à la fin des années 80, l'établissement continue d'offrir des formations adaptées aux besoins actuels.

J'aimerais rendre hommage à mon professeur principal, Monsieur Pouyet, qui restera à jamais gravé dans ma mémoire. Dans la lignée de ses illustres prédécesseurs, il s'efforçait de nous transmettre, avec passion et rigueur, son savoir-faire technique et ses connaissances mathématiques.

L'école en 1970

M. Pouyet

Nous étions peut-être trop jeunes pour en saisir toute l'étendue à l'époque, son dévouement à former des techniciens complets était indéniable. Il nous initiait aussi bien aux différentes technologies qu'à la pratique quotidienne de l'horlogerie et nous a ainsi ouvert les portes d'un univers complexe et fascinant.

Son départ à la retraite, coïncidant avec ma dernière année à Cluses, a marqué la fin d'un chapitre important pour l'école. Je lui suis infiniment reconnaissant pour tout ce qu'il m'a appris et je m'efforce, toujours, de mettre en pratique ses précieux conseils.

L'amicale des anciens élèves

Elle joue un rôle essentiel dans la transmission des savoirs et le maintien du lien entre les générations.

L'association, est née de l'amitié tissée entre les murs de l'École Nationale d'Horlogerie (ENH), et a pour vocation de maintenir ce lien unique entre les anciens élèves.

Grâce à l'engagement de ses membres, elle œuvre à :

– Connecter les générations : mettre en relation les anciens élèves de l'ENH avec les étudiants actuels du Lycée Charles

Poncet, favorisant ainsi la transmission des savoirs et l'esprit d'école.
- Valoriser le patrimoine horloger : présenter et promouvoir les réalisations des anciens élèves.
- Préserver l'histoire : en collaboration avec le Musée de l'Horlogerie et du Décolletage, l'association contribue à la sauvegarde et à la valorisation du riche patrimoine horloger de la région.

« Heures et technique » est le principal vecteur de communication de l'association

L'amicale organise régulièrement des événements pour permettre aux membres de se retrouver, de partager leurs expériences et de découvrir les dernières innovations dans le domaine de l'horlogerie.

Le musée de l'horlogerie et du décolletage

Avec ses 150 ans d'existence, l'école d'horlogerie a façonné des générations d'horlogers de grande renommée. Le musée, véritable mémoire de cet héritage, présente une collection exceptionnelle qui retrace l'évolution de l'horlogerie et le savoir-faire des horlogers clusiens.

Totem du musée.

Véritable trésor, le musée abrite une collection unique d'échappements de démonstration, témoignant de l'excellence des élèves de l'école.

Partez à la découverte de l'évolution de la mesure du temps et plongez dans les secrets de fabrication de ces chefs-d'œuvre horlogers.

Le musée vous propose également un voyage dans l'univers du décolletage, activité qui a contribué à la renommée mondiale de Cluses.

Fabrication des élèves de l'école d'horlogerie de Cluses

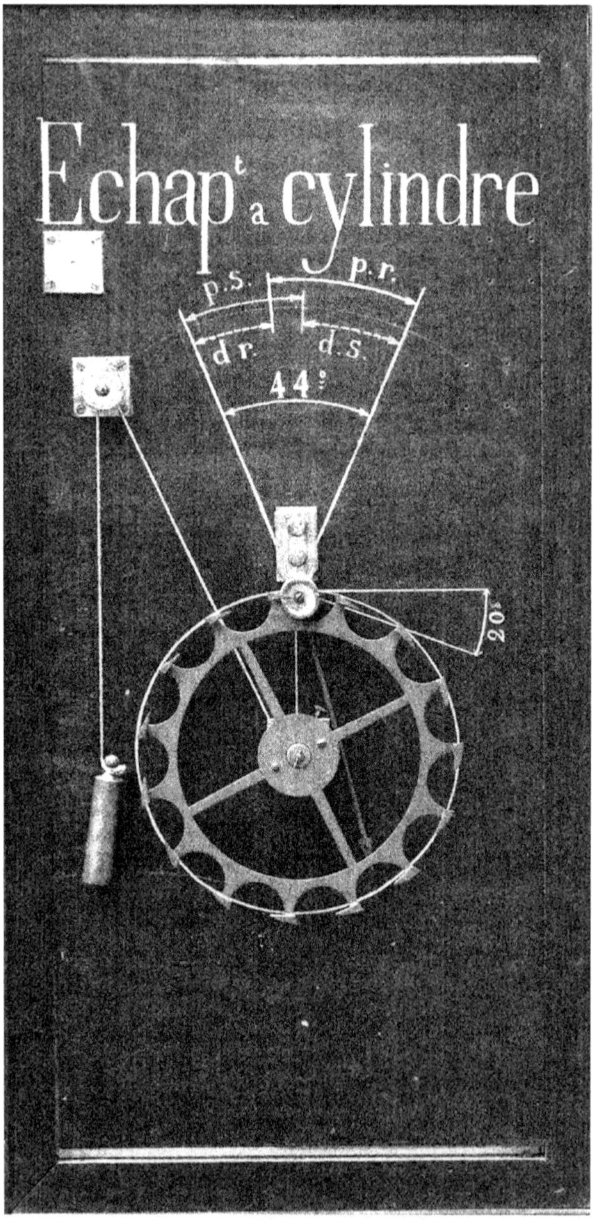

Tableau animé, réalisé par les élèves, présenté au musée

Imaginez-vous au cœur des ateliers de l'école d'horlogerie en admirant les mécanismes qui animent ces chefs-d'œuvre.

Annexe 1 : Entreprises, fabrications et inventions clusiennes

Cette liste non exhaustive présente des entreprises clusiennes qui ont joué un rôle majeur dans le rayonnement international de la ville.

Souvent dirigées par d'anciens élèves de l'école d'horlogerie, ces entreprises ont contribué à maintenir, entre-autres, l'excellence horlogère de Cluses.

En recrutant de nouveaux talents parmi les jeunes diplômés, formés aux dernières technologies, les entreprises ont su allier savoir-faire ancestral et innovation.

Établissements Bretton

Fondée à Scionzier en 1872, l'entreprise Bretton s'est rapidement implantée à Cluses en 1874. Pionnière dans la fourniture d'outillage pour horlogers, elle a contribué de manière significative au développement de l'industrie horlogère locale.

Initialement située dans le quartier du Calvaire, l'entreprise s'est ensuite installée au Pré de Foire, où se trouve aujourd'hui l'ancienne friche industrielle.

En 1901, elle employait déjà neuf salariés, témoignant de son essor rapide.

La lampe MAXI Bretton : un phare d'innovation au cœur de la Seconde Guerre mondiale

Née de l'ingéniosité française, la lampe MAXI Bretton a marqué son époque.

Inventée à Cluses, dans les années 1940, cette lampe de poche révolutionnaire se distinguait par son autonomie : alimentée par une dynamo manuelle, elle ne nécessitait aucune pile.

Grâce à sa fiabilité et à sa simplicité d'utilisation, la lampe MAXI Bretton a rapidement équipé les soldats français.

En effet, sa conception robuste et son autonomie en faisaient un outil indispensable sur le front. On la retrouvait notamment dans les fortifications de la ligne Maginot, où elle servait d'éclairage de secours, et dans l'équipement des unités de mitrailleuses.

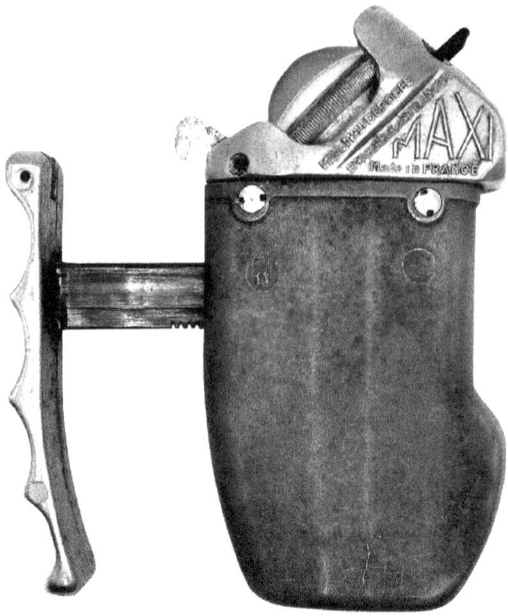

Lampe "Maxi" Bretton (Coll. C. H. de P.).

Elle était livrée dans une boîte en carton, sur laquelle elle était décrite :

Lampe à magnéto « MAXI » : La lampe inusable !

Modèle militaire entièrement en alliage d'aluminium à haute résistance (poids 290 grammes).

Le Mécanisme, silencieux grâce à la conception spéciale et au montage breveté des engrenages, est fixé dans un châssis intérieur monobloc très robuste.

Il ne demande aucun entretien. Le graissage étant assuré d'une façon permanente par un dispositif autolubrifiant. Une OPTIQUE de haut rendement à deux lentilles, produisant un

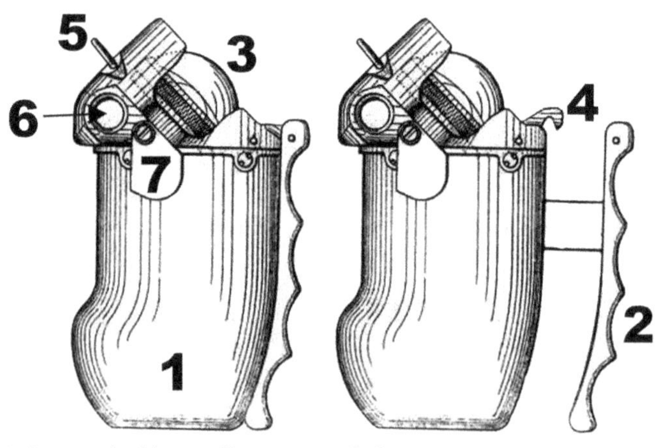

1 : Corps en aluminium moulé
2 : Poignée
3 : Lentille loupe
4 : crochet de fermeture
5 : Dragonne
6 : Ampoule de rechange
7 : Trappe pivotante

faisceau puissant et bien dirigé, utilise au maximum le flux lumineux de la lampe de 3,5 volts-0,2 ampère.
Une AMPOULE de RECHANGE est prévue dans un logement très accessible et le remplacement s'effectue très rapidement dans l'obscurité en dévissant le porte-optique.
La FORME ANATOMIQUE de la lampe et de sa poignée permet un maniement prolongé sans fatigue.
Suivant le rythme de la poignée l'éclairage, est fort ou faible à volonté.
Recommandations importantes : Pour dégager la poignée lorsque vous tenez la lampe en main, appuyez sur la poignée avec l'index seulement. Le verrou se dégagera seul.
Pour que cette lampe ait le maximum de durée, ménagez-la : en l'actionnant à rythme trop rapide, vous provoquez un survoltage préjudiciable à la durée de l'ampoule et de la lampe.

Les établissements Bretton commercialisaient directement ces lampes, sans intermédiaire, notamment auprès des habitants de la vallée de l'Arve qui pouvaient les acquérir au comptoir de l'usine. L'entreprise utilisait aussi les canaux de la presse nationale par des publicités qui incitaient les clients à commander directement par correspondance.

Chaque lampe, soigneusement numérotée et accompagnée d'une ampoule de rechange, était expédiée par la Poste.

Le coût de la lampe était de 50 francs en 1940.

L'ère des lampes à dynamo a tiré sa révérence avec la généralisation des piles, marquant la fin d'une époque où l'autonomie se gagnait à la force du poignet.

Bien que la production de la lampe MAXI Bretton ait cessé dans les années 1950, elle reste un objet de collection très recherché par les amateurs d'histoire et les collectionneurs d'objets militaires.

Son design intemporel et son caractère emblématique en font une pièce unique.

Autre construction des Ets Bretton : l'Horocontrol type H-1.

Mesurant seulement 88 x 57 x 41 mm, le Horocontrol H-1 se distingue par sa compacité.

Son alimentation en 24 V en fait un appareil sûr et polyvalent.

Il reste, aujourd'hui, un témoignage du savoir-faire horloger français et d'une époque où la précision était une quête constante.

Il rappelle également l'importance de l'industrie horlogère à Cluses et le rôle joué par les Établissements Bretton dans son développement.

Établissements Carpano

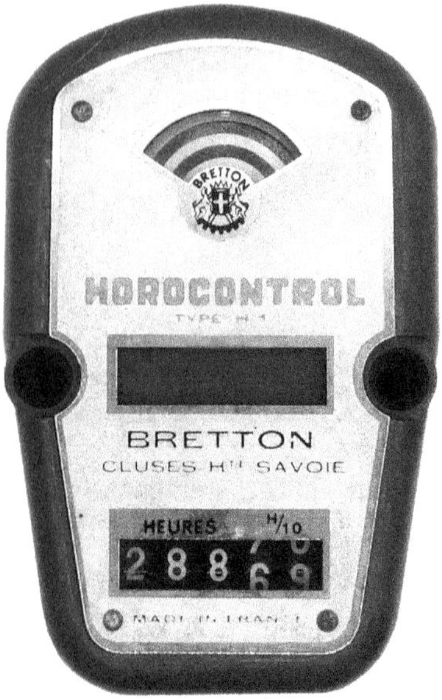

Appareil de mesure des heures et dixième d'heure (Coll. C. H. de P.)

L'histoire des Établissements Carpano est intimement liée au développement de l'industrie horlogère et mécanique à Cluses et a joué un rôle prépondérant dans la modernisation de la vallée de l'Arve.

En 1860, il perfectionne la machine à fabriquer les fraises et met au point la fraise à arrondir. C'est sa première invention, il révolutionne ainsi les techniques de fabrications des roues, en horlogerie.

Cette même année, la Savoie est annexée par la France de Napoléon III par référendum, mais Louis préfère conserver sa nationalité piémontaise.

En 1869, il s'associe à François Gustave Henri Jaccottet (1808-1883), calviniste converti au catholicisme, industriel propriétaire d'une usine d'étirement d'acier à pignons, qui avait été maire de Cluses de 1853 à 1858.

En 1864, Henri Jaccottet, avait créé « le cercle des horlogers », qui avait réuni d'emblée plus de 120 professionnels sur Cluses et la région du Faucigny.

Les deux associés décident d'agrandir l'usine en 1873.

La toute nouvelle usine va essentiellement produire et vendre des pièces d'horlogerie, des fraises pour le taillage des roues et pignons et de l'outillage d'horlogeries.

À la mort de Jacottet, en 1883, Louis Carpano deviendra le propriétaire unique de l'entreprise.

Louis Carpano, n'a pas eu d'enfants, son neveu, né en 1869, Jean Constantin, rejoint l'entreprise familiale en 1896, où son oncle le formera pendant six ans.

En 1902, Louis prend sa retraite à l'âge de 75 après avoir passé plus de 40 ans dans l'industrie et le commerce. Logiquement, il passe le relais à son neveu Jean. Pendant la Grande Guerre, l'usine Carpano se consacre beaucoup, à l'armement, notamment dans la construction de fusées et cela avec un effectif de 72 ouvriers, dont 22 militaires.

Jean Constantin dit Carpano a trois enfants : une fille mariée à Charles Pons, et deux garçons : Léon et Henri.

À la mort de son père en 1927, Léon Carpano décide de poursuivre l'aventure familiale en s'associant à son beau-frère, Charles Pons. Ensemble, ils créent la société « Carpano & Pons », spécialisée dans la mécanique de précision. Cette nouvelle entreprise connaîtra une ascension fulgurante, donnant naissance à deux marques mondialement connues : Mitchell© pour les moulinets de pêche et Somfy© pour les automatismes de fenêtre.

Portrait de Louis Carpano vers 1860

Machine à arrondir de la maison Carpano (Coll. C. H. de P.)

Les moulinets de pêche Mitchell©

En 1948, Carpano & Pons révolutionne le monde de la pêche en lançant le moulinet Mitchell 300. Ce modèle, est d'une conception si moderne qu'il n'a que peu évolué depuis.

C'est Charles Pons, qui propose le nom en hommage à son frère Michel, qui venait de décéder.

Pour surfer sur la vague de l'américanisation d'après-guerre, le nom a été légèrement modifié en rajoutant un L : le Mitchell 300©.

Fort de cette consonance américaine et porté par un succès fulgurant en France, le moulinet Mitchell© s'est rapidement exporté aux États-Unis, atteignant des volumes de production records de 100 000 unités par mois. Il était alors le produit phare de l'entreprise, représentant à lui seul 50% des exportations de l'ensemble des entreprises des Savoie.

Publicité de l'entreprise avant la diversification (Mitchell© et SOMFY©)

Grâce à un partenariat avec la marque Garcia©, le moulinet Mitchell© s'est rapidement imposé sur le marché américain. Un article élogieux paru dans le New York Times en 1951 a donné un coup de pouce décisif à ses ventes. En quelques années, le succès a été phénoménal : 600 000 moulinets ont été exportés vers les États-Unis dès 1955, et ce chiffre a atteint le million en 1957.

En 1958, les moulinets Mitchell© étaient commercialisés dans le monde entier. Les années suivantes furent marquées par une croissance fulgurante.

En 1966, la marque franchit un cap symbolique en écoulant 10 millions de moulinets.

La gamme s'élargit alors considérablement, incluant désormais des modèles pour la pêche en mer et à la mouche, offrant ainsi une solution complète aux pêcheurs du monde entier.

Le succès du moulinet Mitchell© ne se dément pas : en 1971, plus de 20 millions d'exemplaires ont été produits. Pourtant, le destin de l'entreprise bascule en 1974 avec le rachat d'une partie de ses parts

La référence en matière de moulinet : Le Mitchell 300A© (Coll. C. H. de P.).

par Garcia©. La crise pétrolière et la récession qui suivent fragilisent l'entreprise. Malgré le rachat de toutes les parts par Carpano & Pons, l'absence d'un partenaire américain solide pour la distribution du moulinet Mitchell© met fin à cette belle aventure en 1981.

En 1990, la marque est rachetée par la société américaine JWA©, puis par Pure Fishing©, en 2000.

Si la gamme Avocet© marque un certain recul en termes de qualité, Pure Fishing© tente un retour en force en 2014 avec une nouvelle gamme de produits, renouant ainsi avec l'héritage de qualité de la marque Mitchell.

Les moulinets de pêche d'aujourd'hui, avec leurs freins puissants et leurs mécanismes complexes, sont le fruit de nombreuses années d'innovation. Mitchell© a largement contribué à cette évolution technologique, ouvrant la voie à des produits toujours plus performants et adaptés aux exigences des pêcheurs les plus exigeants.

SOMFY©

Née de l'expertise de Carpano & Pons©, Somfy©, le nom est l'acronyme de « Société d'Outillage et de Mécanique de Faucigny », clin d'œil à ses racines savoyardes, s'impose rapidement comme un pionnier dans la motorisation des ouvertures.

En quelques décennies, cette PME familiale devient un acteur mondial incontournable, employant des milliers de personnes et générant un chiffre d'affaires considérable.

Malgré sa croissance exponentielle, Somfy© conserve son siège social à Cluses, témoignant ainsi de son attachement à ses origines et à l'excellence industrielle française.

L'aventure industrielle des Carpano a laissé une empreinte indélébile sur la ville de Cluses.

Bien que l'entreprise ait cessé ses activités en 2017, son héritage vit toujours à travers les nombreuses sociétés qui ont vu le jour dans la vallée et qui perpétuent l'esprit d'innovation et d'excellence qui animait les Carpano.

DEP©

L'histoire de DEP© débute en 1826 lorsque M. Dépéry fonde son atelier d'horlogerie à Scionzier. Spécialisé dans la fabrication de pièces détachées, il pose les fondations d'une dynastie horlogère.

Après la Première Guerre mondiale, ses descendants s'implantent à Cluses et lancent la production de mécanisme d'horlogerie et de petite mécanique.

François Dépéry, jeune diplômé de l'École Nationale d'Horlogerie de Cluses, reprend l'entreprise familiale, à la fin du premier conflit mondial et lance, en collaboration avec son frère Narcisse, les marques de réveils DEP© et SAVOY©.

De 1918 à 1953, l'entreprise, seul fabricant clusien de réveils et de pendulettes, s'est distinguée par la qualité de ses produits, résumée dans son slogan :

« Durée, Élégance, Précision ».

Effectivement les réveils sont entièrement fabriqués, hors habillage, dans l'entreprise familiale, avec une grande rigueur, héritage du fondateur.

DEP
DURÉE ! ÉLÉGANCE !! PRÉCISION !!!
Manufactures
D'HORLOGERIE ET DE DÉCOLLETAGE
FONDATION EN 1826
LES FILS DE B. DÉPERY
CLUSES
(HTE SAVOIE)

Papier à entête de l'entreprise, dans les années 1920.

La marque s'est également distinguée par l'originalité de ses habillages, mêlant avec audace marbre, cuir, métal, ivoire, bois et bakélite.

Cette diversité de matériaux, alliée à une grande liberté créative, a permis de concevoir des réveils aux formes et aux couleurs aussi uniques que les personnalités de leurs propriétaires.

Réveil DEP©, en marbre, vers 1930 (Coll. C. H. de P.).

Face au succès mondial des moulinets de leurs concurrents dans les années 1950, l'entreprise Dépéry© décide de lancer sa propre gamme

Réveil DEP©, en aluminium, 1950 (Coll. C. H. de P.)

de matériel de pêche : le moulinet SAP©.

La polyvalence de DEP©, bien que prometteuse, ne se traduira pas par un succès aussi durable que celui obtenu par Mitchell© dans le domaine de la pêche.

Les moulinets de pêche sont une des diversifications les plus répandues dans la vallée de L'Arve dite Technicvallée, pour des fournisseurs qui rêvent tous d'atteindre le statut de producteurs et plus simplement celui de fournisseurs.

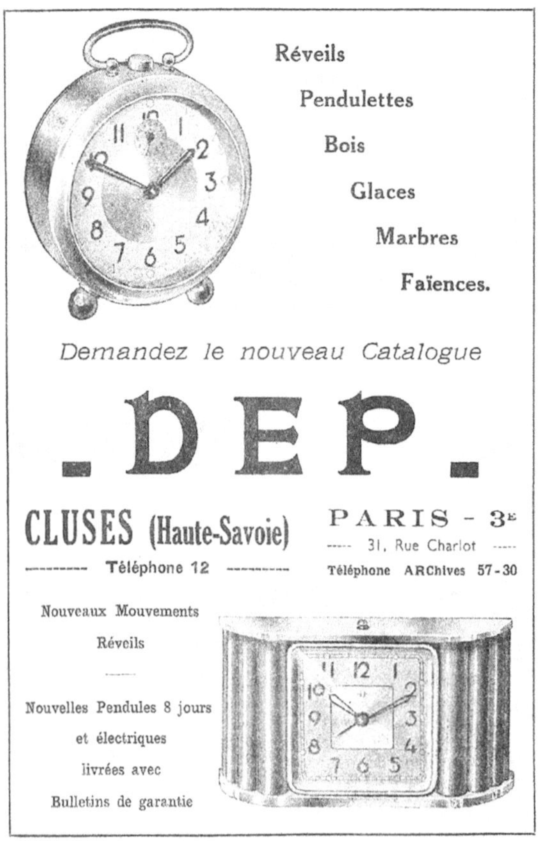

Publicité des années 1940.

Annonce publicitaire destinée aux magazines pour pêcheurs

Moulinet de chez Dépéry© : le SAP© 701 (Coll. C. H. de P.).

Vaillant©

De 1850 à 1920 l'entreprise est un commerce de quincaillerie. En 1917, fraîchement diplômé de l'École d'Horlogerie de Cluses, Joseph Vaillant s'engage dans l'aviation. De retour à la vie civile en 1920, il met à profit ses compétences de mécanicien en ouvrant un garage à Cluses. L'atelier s'agrandit rapidement avec l'ajout d'un service de taxi et d'un atelier de décolletage. Dans les années 1930, Vaillant innove en développant des crampons antidérapants en carbure de tungstène pour les chevaux, démontrant ainsi la polyvalence de son savoir-faire.

Les crampons Vaillant© étaient une réponse essentielle pour permettre aux chevaux de travailler en toute sécurité sur les sols verglacés pendant les longs mois d'hiver.

L'essor de la mécanisation agricole après-guerre transforme profondément les paysages ruraux. Le cheval, compagnon de travail des agriculteurs depuis des siècles, est progressivement remplacé par le tracteur.

Cependant, l'hiver, les routes enneigées rendent les déplacements difficiles, isolant les villages et mettant en péril la continuité des activités économiques.

Fort de son succès avec les crampons pour chevaux, Joseph Vaillant décida d'appliquer son ingéniosité à un nouveau défi : équiper les automobiles pour affronter les rigueurs de l'hiver.

Après de nombreuses recherches, il mit au point un système de cloutage, conçu pour s'adapter à tous types de pneus.

Brevetés en 1952, ces clous révolutionnaires permirent aux automobilistes de circuler en toute sécurité sur les routes enneigées, contribuant ainsi à améliorer la mobilité dans les régions montagneuses.

La voiture remplaçant le cheval partout dans le monde, le succès sera immense.

NOTICE TECHNIQUE

Tous les automobilistes connaissent le danger du verglas sur lequel les pneumatiques de leur véhicule perdent toute adhérence.

Afin de remédier à cet inconvénient, l'antidérapant « VAILLANT » a pour objet l'application aux roues de véhicules automobiles d'un dispositif que l'on place dans la bande de roulement du pneu, à raison d'une quarantaine, disposée en quinconce. Ce dispositif antidérapant se compose d'une pointe de carbure de tungstène que l'on met en saillie à l'extérieur de la bande de roulement du pneumatique. Cette pointe est logée à l'intérieur d'un corps tubulaire en acier très dur muni d'une tête prenant appui à la surface de la bande de roulement, ledit corps traversant toute l'épaisseur du pneumatique et y étant fixé sur la face interne de celui-ci par rivetage d'un anneau.

La chambre à air est protégée par un moyen approprié.
Ce dispositif se monte sur des pneus neufs, des pneus rechapés, des pneus neige et aussi sur des pneus ayant jusqu'à 40 % d'usure.
Nous conseillons de bons pneus car notre antidérapant étant pratiquement inusable, il est préférable que l'enveloppe résiste le plus longtemps possible.
Les nombreux essais que nous avons faits sur nos routes de montagne particulièrement difficiles, verglacées et enneigés, nous ont donné entière satisfaction sur tous les points et ont été concluants. Nous n'avons reçu que des éloges de nos clients émerveillés de pouvoir rouler sur le verglas et la neige en toute sécurité.
Un avantage de notre antidérapant est de pouvoir rouler sur route sèche sans aucune difficulté et inconvénient. Cependant, nous recommandons de garder les pneus ainsi équipés pour la mauvaise saison d'hiver. Nous conseillons de monter les quatre roues et, ainsi pourvue, votre voiture passera partout et sans chaînes. N'attendez pas l'arrivée de l'hiver pour nous envoyer vos pneus qui vous seront retournés munis de nos antidérapants dans le délai d'une semaine.
Nous possédons plusieurs voitures de démonstration, venez faire un essai, vous serez convaincu.
L'antidérapant « VAILLANT » breveté S.G.D.G. a été conçu et réalisé dans le pays de la NEIGE et du VERGLAS.

L'efficacité des clous Vaillant© ne se démentira pas. Ils deviendront rapidement incontournables dans les grands rallyes automobiles hivernaux, où ils permettront aux pilotes de conquérir les routes enneigées et glacées avec une adhérence optimale.

Pendant près de cinq décennies, les Établissements Vaillant se consacreront principalement à la fabrication et à la commercialisation de clous pour pneus, faisant de ce produit leur cœur de métier. Grâce à leur expertise et à leur capacité d'innovation, les clous Vaillant© deviendront rapidement une référence dans le domaine, contribuant ainsi à améliorer la sécurité routière en hiver.

Le développement des techniques de salage des routes et l'adoption de réglementations de plus en plus strictes ont progressivement restreint l'utilisation des pneus cloutés en Europe.

Paradoxalement, dans le monde équestre en plein essor, la demande en crampons pour chevaux n'a cessé de croître, notamment pour les compétitions hippiques se déroulant sur des terrains gras ou gelés.

Les clous Vaillant©, réputés pour leur efficacité et leur durabilité, ont ainsi trouvé un nouveau marché.

Équipementier de référence des maréchaux-ferrants, l'entreprise Vaillant© offre une gamme complète d'outils et de produits de qualité.

Soucieuse d'innover, l'entreprise a lancé une ligne de soins naturels pour chevaux, répondant ainsi aux attentes d'une clientèle de plus en plus exigeante en matière de bien-être animal.

Annexe 2 : Travaux d'élèves

L'école d'horlogerie favorisait une pédagogie active en incitant les élèves à fabriquer leur propre outillage. Au-delà de l'apprentissage de techniques de base comme le limage, le tournage et le fraisage, ces exercices permettaient aux futurs horlogers de constituer un trousseau personnalisé, véritable vitrine de leurs compétences.

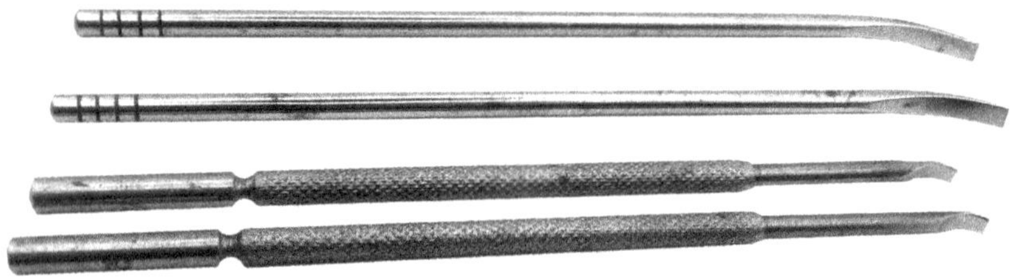

Type d'outils fabriqués en classe : lèves-aiguille.

Ce trousseau était souvent présenté aux employeurs potentiels, qui y voyaient une manière d'évaluer le niveau de maîtrise technique et la rigueur de chaque candidat.

Gabarits.

Au cours de leur formation, les étudiants de l'École Nationale d'Horlogerie expérimentaient le travail de différents matériaux tels que l'acier, le laiton et le maillechort. Cette approche leur permettait de maîtriser les techniques d'usinage spécifiques à chaque matériau et de comprendre les propriétés mécaniques et esthétiques de chacun.

En fabriquant eux-mêmes les composants de leurs montres, les élèves acquéraient une connaissance approfondie des matériaux et étaient ainsi capables de choisir les alliages les mieux adaptés à chaque fonction.

Au cours de leurs formations, les futurs horlogers acquéraient une maîtrise parfaite du tournage en travaillant sur des pièces de plus en plus petites. De l'ébauche de pivot de 1,8 mm, taille d'un grain de riz, ils parvenaient à usiner des pièces de seulement 0,4 mm, soit l'épaisseur d'un cheveu. Cette progression constante, qui nécessitait une dextérité exceptionnelle et une grande concentration, leur permettait de maîtriser les outils et les techniques les plus complexes, indispensables pour la fabrication de mouvements horlogers de haute précision.

Pivotages.

La première année était consacrée à l'apprentissage du pivotage, une compétence fondamentale en horlogerie. Progressivement, les élèves étaient amenés à tourner des axes de balancier entier, une tâche exigeant une grande précision. La fragilité de ces composants, notamment leur sensibilité aux chocs, faisait de leur casse l'une des pannes les plus courantes.

La fabrication des axes de balancier, véritables artères des montres mécaniques, exigeait une précision extrême. Les élèves de l'école d'hor-

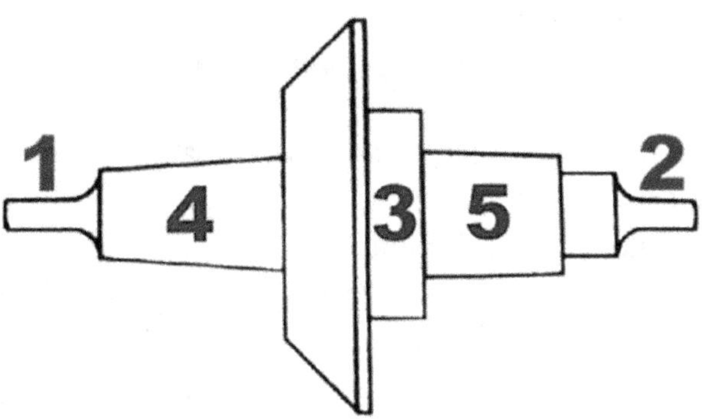

Axe de balancier d'un échappement à ancre .

1 et 2 : Pivots
3 : Rivure de la serge de balancier
4 : Ajustement conique du plateau
5 : Ajustement du spiral

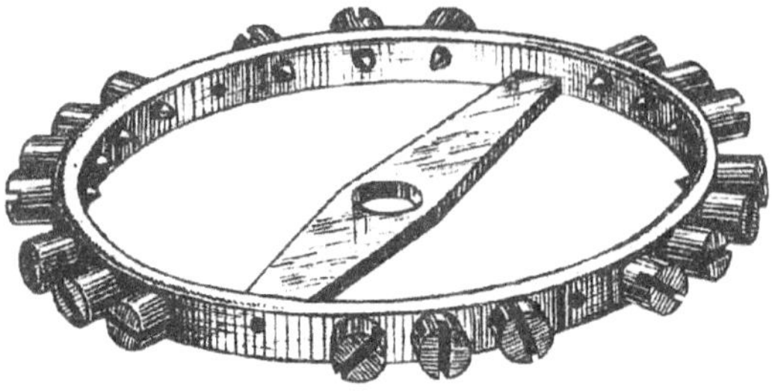

Serge de balancier.

logerie de Cluses consacraient de nombreuses heures à cette tâche délicate, apprenant à maîtriser les tours et les outils spécifiques.

Bien que les progrès technologiques aient rendu les montres plus robustes, la maîtrise de ces techniques fondamentales restait essentielle.

Notre professeur, M. Pouyet, insistait sur l'importance de maîtriser ces techniques fondamentales.

Il nous répétait souvent : « Si vous savez fabriquer une montre, vous saurez la réparer ; l'inverse est rarement vrai ».

Cette philosophie, transmise de génération en génération, a fait de notre école, un haut lieu de l'horlogerie.

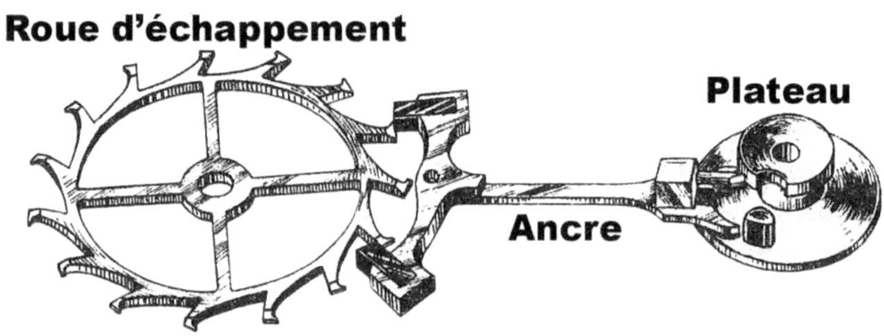

Composition de l'échappement à ancre.

La standardisation des pièces et leur interchangeabilité ont simplifié considérablement le travail des horlogers. Pour notre part, nous avons choisi de privilégier la fabrication, dans nos ateliers, de l'ensemble des composants horlogers. Cette approche, rendue possible grâce à notre formation, nous permet de prévenir un manque de pièces de rechange par la non-fourniture, de la part des fabricants.

Les autres pièces que nous fabriquions à l'école, en grande quantité, étaient la tige de remontoir et la bascule, autres éléments fragiles, souvent responsables de dysfonctionnement.

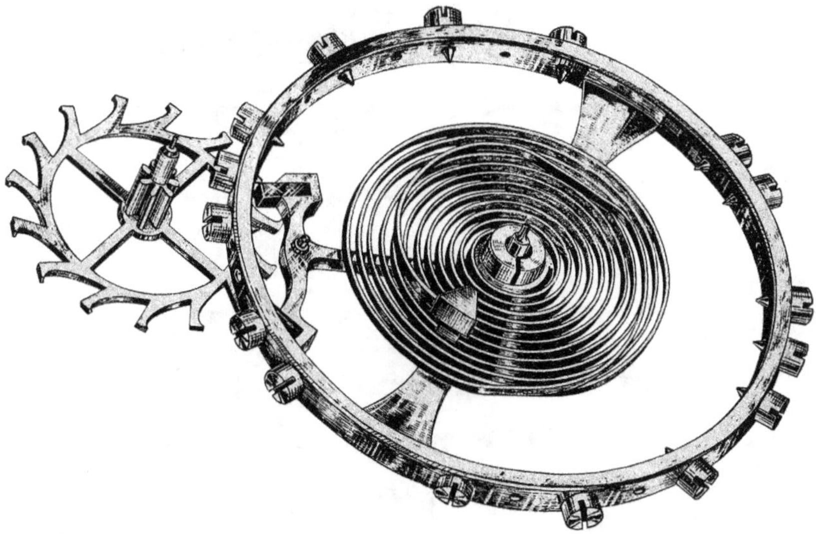

Échappement à ancre équipé d'un spiral Breguet.

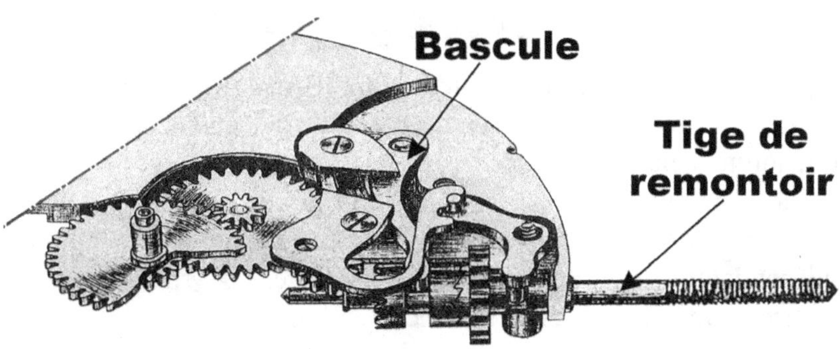

Si les axes de balancier sont principalement usinés sur tour et tour à pivoter, la fabrication des tiges de remontoir nécessite, en plus du tournage, un travail de finition minutieux au moyen de limes.

La tige de remontoir est la pièce qui permet d'interagir directement avec le mécanisme de la montre. En la tournant, on arme le ressort moteur et on ajuste les aiguilles des heures et des minutes ainsi que l'ensemble des autres indications comme jour, date, mois, phase de lune…

En tournant la couronne, généralement dans le sens des aiguilles d'une montre, on actionne la tige de remontoir qui, par un système de

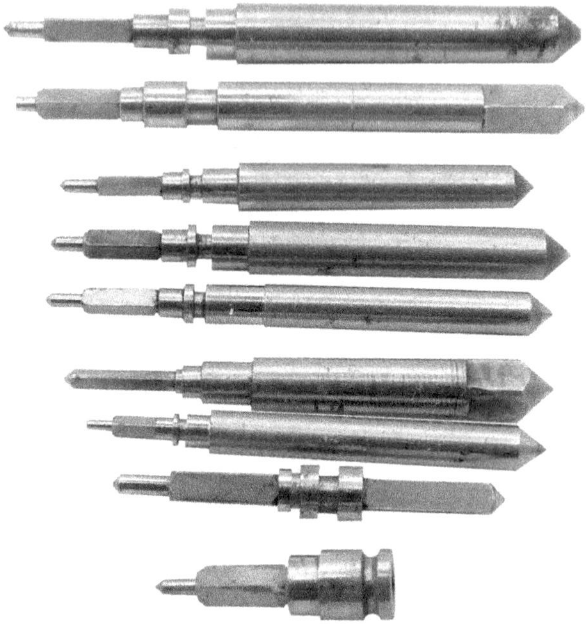

La fabrication de tiges de remontoir, une étape clé de la formation.

pignons et de roues, enroule le ressort moteur comme on enroule un fil sur une bobine. Ce ressort emmagasine ainsi l'énergie nécessaire au fonctionnement de la montre.

En tirant sur la tige de remontoir, on dégage le pignon coulant, ce qui permet d'actionner les aiguilles des heures et des minutes indépendamment du mécanisme de remontage. Ce système simple et efficace permet d'ajuster l'heure avec précision.

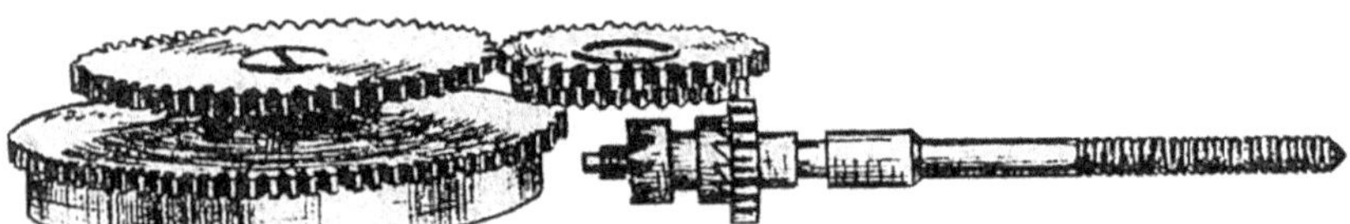

Tige de remontoir en position de remontage du ressort moteur.

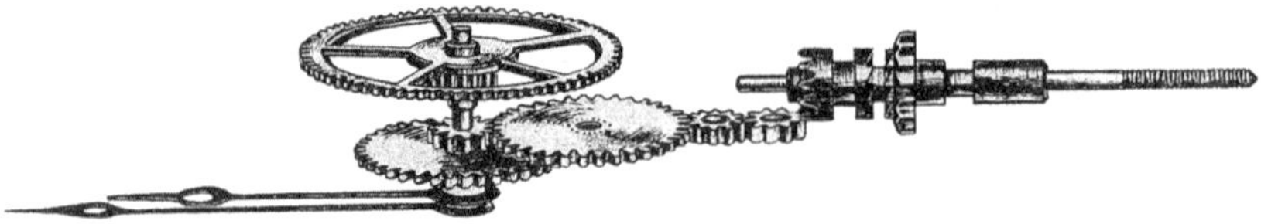

Tige de remontoir en position de mise à l'heure.

La fabrication de la tige de remontoir constituait, souvent, le projet final de nos formations lors de l'examen en fin d'étude.

À partir d'un mouvement incomplet, nous devions concevoir, dessiner et fabriquer cette pièce complexe. Cet exercice, véritable synthèse de nos apprentissages, nous permettait de mettre en pratique nos connaissances en usinage, en assemblage et en métrologie.

La fabrication des bascules, ces petites pièces qui assurent la commutation entre les différentes fonctions du remontoir, était un véritable défi. Leur réalisation nécessitait une grande précision dans les finitions, afin d'assurer un fonctionnement fluide et fiable du mécanisme.

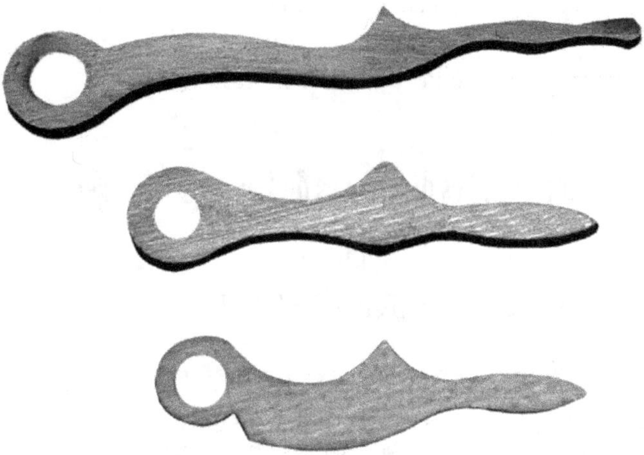

Bascules.

Cet exercice permet de développer un sens aigu du détail et une manipulation parfaite des outils mis à disposition des horlogers en matière de traitement de surface. En fabriquant des pièces de plus en plus complexes, les élèves dominaient progressivement les techniques horlogères les plus fines et développaient une compréhension approfondie des mécanismes horlogers.

Cet apprentissage leur permettait d'acquérir une maîtrise parfaite des techniques d'usinage et de polissage. En travaillant sur ces éléments essentiels du mouvement horloger, ils comprenaient mieux l'interaction entre chaque composant et l'importance de la précision dans la fabrication d'une montre.

Annexe 3 : Les divers noms de l'école au fil des ans

1848 : École Royale d'Horlogerie
1863 : École Impériale d'Horlogerie
1871 : École Nationale d'Horlogerie (ENH)
1892 : École Nationale d'Horlogerie, de Petite Mécanique et d'Électricité
1938 : École Nationale d'Horlogerie, de Petite Mécanique et d'Appareillage
1948 : École Nationale Professionnelle d'Horlogerie
1960 : Lycée Technique d'État
1964 : Lycée d'État Technique Classique et Moderne
1965 : Lycée Charles Poncet
Actuellement : Lycée Polyvalent Charles Poncet

Annexe 4 : Les directeurs de l'école d'horlogerie

1848 - 1889 (41 ans)	:	Achille BENOIT
1889 - 1899 (10 ans)	:	Emile PELTRE
1899 - 1905 (6 ans)	:	Jean LAVAIVRE
1905 - 1934 (29 ans)	:	Charles PONCET
1934 - 1941 (7 ans)	:	Maurice GUYOT
1941 - 1944 (3 ans)	:	René CARTERON
1944 - 1944 (9 mois)	:	Maurice DEVILLE
1944 - 1950 (6 ans)	:	Henri BRAILLE
1950 - 1954 (4 ans)	:	Maurice DEVILLE
1954 - 1957 (3 ans)	:	Roland PICAND
1957 - 1959 (2 ans)	:	Alfred DOURNIER
1959 - 1963 (4 ans)	:	André RAMEZ
1963 - 1964 (1 an)	:	Sylvain BARRIERE
1964 - 1966 (2 ans)	:	Auguste PONCET
1966 - 1972 (6 ans)	:	Henri RAPOUTET
1972 - 1977 (5 ans)	:	Lucien LAFAURE
1977 - 1982 (5 ans)	:	Claude GROS
1982 - 1987 (5 ans)	:	Marcellin GALVANI
1987 - 2000 (3 ans)	:	Gérard STACK

2000 - 2002 (2 ans)	:	Paul FAUVEAU
2002 - 2009 (7 ans)	:	Philippe BEUCHOT
2009 - 2011 (2 ans)	:	Thierry DOSCH
2011 - 2016 (5 ans)	:	Jean-François BERTEAUX
2016 - 2018 (2 ans)	:	Annick JANTZEN
2018 - 2021 (3 ans)	:	Christian ALAPHILIPPE
Actuellement	:	Marcel BECHET

Annexe 5 : Cluses aujourd'hui (photos de l'auteur)

Cluses s'est métamorphosée en une ville où il fait bon vivre. Grâce à une politique volontariste en matière d'aménagement urbain, la ville offre aujourd'hui de nombreux espaces verts et des lieux de vie conviviaux, comme les anciennes usines reconverties. Nichée au cœur des Alpes, Cluses est devenue une destination prisée pour ceux qui souhaitent allier nature et patrimoine.

La mairie, aujourd'hui.

La rue centrale, avec, en fond, les montagnes dominantes.

Le vieux pont, enjambant l'Arve.

Le bâtiment central de " notre" école, est toujours aussi beau.

Entièrement restauré, le pont de pierre est doublé d'un pont moderne permettant une circulation beaucoup plus fluide.

En arrière-plan l'usine Carpano et Pons (Actuel Musée de l'horlogerie et du décolletage).

Si l'histoire de l'école nationale d'horlogerie et de la ville vous intéresse, nous vous invitons à compléter votre lecture avec les ouvrages de référence suivants :

De Florence POIRIER (mémoire clusienne par excellence et conservatrice du musée d'horlogerie et du décolletage) :

- *L'Horlo, de l'École Royale d'Horlogerie au Lycée Charles Poncet*
- *Mémoire en Image : CLUSES*
- *Ville de Cluses - petite histoire illustrée de la ligne La Roche - Cluses - St-Gervais.*

De Mino FAÏTA :

- *Je t'écris de Cluses et de ses environs 1944-1975*
- *Joseph, François Marie-Peronne, horlogers savoyards*

et en collaboration avec Alain DUVAL :

- *Paysan horloger : de l'horlogerie au décolletage*

De M. Narcisse PERRIN :

- *Monographie historique de Cluses (Haute Savoie)*

Ces ouvrages vous permettront d'approfondir votre connaissance de l'histoire horlogère de Cluses et de sa région.

Cette fresque, que l'on découvre à l'entrée de Cluses, est pour moi un symbole fort de mon livre.

Elle illustre à merveille le thème de « La jeunesse, de l'horlogerie et de Cluses » en capturant l'essence même de l'ouvrage. et a été réalisée par un jeune artiste très talentueux, dont je suis fier de vous présenter la biographie ci-dessous :

> **« Né le 19 juin 1995 à Cluses (Haute-Savoie), je suis un artiste peintre autodidacte. Dès mon plus jeune âge, j'ai découvert différentes techniques artistiques et les ai appliquées à de nombreux projets tout au long de ma jeunesse. Mon goût pour l'art s'est alors couplé à ma détermination de poursuivre mes études dans une filière artistique.**

Diplômé de l'École Technique d'Arts Appliqués de Grenoble en tant que Designer Graphique, j'exerce mon métier en freelance en parallèle de mon activité d'artiste peintre.
Mes compositions, inspirées des objets du quotidien, des animaux, du pop art et du street art, sont décalées et insolites et ont pour ambition de diffuser de la joie.
Mon art est une invitation au voyage et à l'évasion, tel que représenté par l'astronaute qui figure dans certains de mes tableaux. Ce dernier repousse les limites mêmes du voyage et nous emmène dans un nouveau monde, un monde imaginaire, rempli de couleur et de dynamisme.
Inspirée également des œuvres des grands maîtres tel que Basquiat, Andy Warhol, Yayoi Kusama, Banksy, C215, Kobra et Jackson Pollock, chacune de mes compositions est unique, avec une histoire différente mais une démarche identique, toujours positive et remplie d'espoir.
Avec une vingtaine d'expositions en France et en Suisse, un rêve commence à devenir réalité, notamment avec des acquisitions d'œuvres par des clients de nombreux pays : Canada, Liban, Suisse, Guadeloupe, Italie...
Aujourd'hui, j'ai la chance de vivre pleinement de mon art, en alliant graphisme, fresques murales, expositions et autres prestations artistiques.

Serhat Demir Iron

Quelques adresses et contacts utiles :

- Musée de l'horlogerie et du décolletage :
  Espace Carpano & Pons, 100 Pl. du 11 Novembre, 74300 Cluses
- Lycée Charles Poncet :
  1 avenue Charles Poncet 74302 Cluses cedex
- Association Amicale des Anciens Élèves du Lycée Charles Poncet :
  1 avenue Charles Poncet, 74300 Cluses (aaaecluses@gmail.com)
- Office de tourisme :
  21 Grande Rue 74300 Cluses
- Ets Michel Vaillant, maréchalerie
  4 boulevard du Chevran 74300 Cluses
- Serhat Demir Iron, artiste peintre
  www.serhatdemir-iron.com / sd.iron@outlook.fr

L'école d'horlogerie de Cluses, c'est un peu comme un arbre centenaire : ses racines plongent profondément dans l'histoire, mais ses branches continuent de s'épanouir.

Depuis presque deux siècles, elle forme de nouveaux talents, perpétuant ainsi un savoir-faire unique. Les générations se succèdent, mais l'esprit de l'école reste le même : transmettre un savoir-faire d'excellence et inculquer aux élèves des valeurs fondamentales.

Table des Matières

Horlogerie

www.decoopman.com

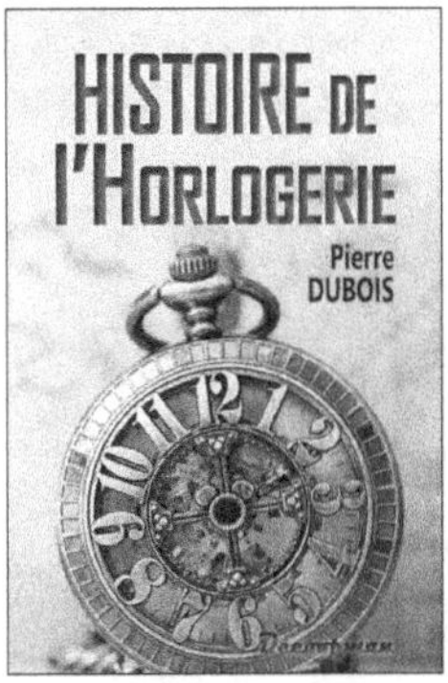

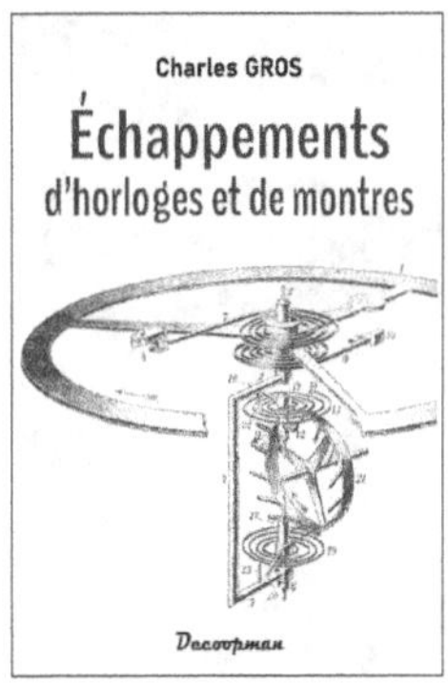

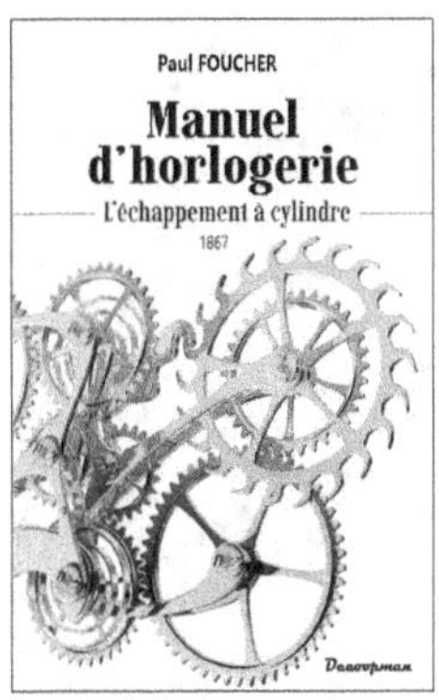

Éditions Decoopman - Ferrières - 30440 Saint-Laurent-le-Minier
Tel : +33 (0) 4.67.73.90.95 - web : www.decoopman.com - e.mail : livres@decoopman.com

Horlogerie

www.decoopman.com

Éditions Decoopman - Ferrières - 30440 Saint-Laurent-le-Minier
Tel : +33 (0) 4.67.73.90.95 - web : www.decoopman.com - e.mail : livres@decoopman.com

www.ingramcontent.com/pod-product-compliance
Lightning Source LLC
LaVergne TN
LVHW010941051026
849532LV00003B/1082